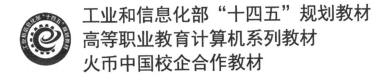

工业和信息化部"十四五"规划教材

高等职业教育计算机系列教材

火币中国校企合作教材

# 区块链应用技术

武春岭　袁煜明　卢建云　主　编

U0178281

电子工业出版社

**Publishing House of Electronics Industry**

北京·BEIJING

## 内 容 简 介

本书是重庆电子工程职业学院与火币中国校企合作的成果，融入了火币中国作为国际知名区块链技术企业的最新技术和应用。本书主要涵盖区块链技术原理、区块链数据结构与存储技术应用、区块链密码技术、P2P网络在区块链中的应用、区块链共识机制、区块链智能合约、区块链行业应用等内容。本书内容通俗易懂，有理论有实践，体现了理论实践一体化和任务驱动思想。本书内容安排合理，每章从"学习目标""引导案例"开始，通过相关知识的展开、项目的提出，再到任务分解，循序渐进，深入浅出，体现问题导向和做中学的思想，实用性强。

本书既可作为高职高专计算机类专业或电子信息类专业区块链技术的教材，也可作为成人高等学校和培训机构的参考用书。

未经许可，不得以任何方式复制或抄袭本书之部分或全部内容。

版权所有，侵权必究。

**图书在版编目（CIP）数据**

区块链应用技术 / 武春岭，袁煜明，卢建云主编. —北京：电子工业出版社，2022.7

ISBN 978-7-121-42548-6

Ⅰ. ①区… Ⅱ. ①武… ②袁… ③卢… Ⅲ. ①区块链技术－高等学校－教材 Ⅳ. ①TP311.135.9

中国版本图书馆 CIP 数据核字（2021）第 265280 号

责任编辑：徐建军　　文字编辑：王　炜
印　　刷：北京七彩京通数码快印有限公司
装　　订：北京七彩京通数码快印有限公司
出版发行：电子工业出版社
　　　　　北京市海淀区万寿路 173 信箱　邮编　100036
开　　本：787×1 092　1/16　印张：13.75　字数：352 千字
版　　次：2022 年 7 月第 1 版
印　　次：2025 年 3 月第 4 次印刷
定　　价：45.00 元

凡所购买电子工业出版社图书有缺损问题，请向购买书店调换。若书店售缺，请与本社发行部联系，联系及邮购电话：（010）88254888，88258888。

质量投诉请发邮件至 zlts@phei.com.cn，盗版侵权举报请发邮件至 dbqq@phei.com.cn。

本书咨询联系方式：（010）88254570，xujj@phei.com.cn。

# 前 言
## Preface

区块链技术为人们带来了一种全新的数据共享方式，其核心特色是去中心化，即所存储的数据不再只由一个中心化的机构或组织拥有，而是由区块链系统中众多计算机共同拥有。因此，区块链系统上的数据均不可销毁及篡改，提升了信息的透明化程度，更有利于开展全新网络信任机制。

现在比特币更多的是作为一种投资品被大家熟知，然而比特币背后的区块链技术才是更为关键的技术变革力量。20 年前的互联网给世界带来了巨变，现如今的区块链技术是否能够大展拳脚，给人们的生活带来怎样的变化呢？

区块链技术被一些人士称作"互联网 2.0"，既体现了区块链与互联网的相似性，又体现了区块链相对于互联网的进步性。区块链是基于互联网的一种分布式账本的技术，并且又解决了互联网中的信任问题，为社会信任、价值流转提供了技术路径。

2019 年是区块链技术发展突飞猛进的一年，首先是 Libra 的设想构建了世界范围普惠金融的蓝图。在数字货币方面，以中国人民银行为代表的各国央行都在积极准备央行数字货币，以摩根大通为代表的各大企业也在积极发行稳定币。百家争鸣的产业现状为区块链发展奠定了良好的基础。

本书作为区块链技术领域知识普及的先行者之一，旨在让读者系统地学习区块链知识，掌握区块链技术的全貌，同时又庖丁解牛，将技术细节展现在读者面前，从而既可以仰望星空，又可以脚踏实地。本书是重庆电子工程职业学院与火币中国校企合作的成果，融入了火币作为国际知名区块链技术企业的最新技术和应用。

本书由重庆电子工程职业学院人工智能与大数据学院的院长、国家级名师武春岭，海南火链科技有限公司的 CEO 袁煜明和重庆电子工程职业学院的卢建云担任主编。本书在编写过程中还得到了中国通信工业协会教育分会的大力支持，重庆瀚海睿智大数据科技有限公司的副总经理陈继也参与了编写工作。其中，武春岭编写了第 1～3 章的内容，卢建云编写了第 4 章和第 5 章的内容，重庆电子工程职业学院李腾编写了第 6 章的内容，海南火链科技有限公司总裁助理范进编写了第 7 章的内容，袁煜明编写了第 8 章的内容，陈继编写了第 9 章的内容。另外，特别鸣谢重庆市武隆区委、区政府提供仙女山优雅写作环境，在火热的夏季感受清凉，让人如淋春风，心旷神怡，促成该书杀青。

为了方便教师教学，本书配有电子教学课件及相关资源，请有此需要的教师登录华信教育资源网（www.hxedu.com.cn）注册后免费下载，如有问题可在网站留言板留言或与电子工业出版社联系（E-mail：hxedu@phei.com.cn）。

由于区块链技术较新，发展较快，出版时间紧，编者水平有限，书中难免存在疏漏和不足之处，敬请同行专家和广大读者给予批评和指正。

编 者<br>
于武隆仙女山

# 目 录
## Contents

# 第1章

## 区块链初探

### 学习目标

◆ 掌握区块链的概念及特性
◆ 了解区块链的来源及发展里程碑
◆ 了解区块链与"新基建"的关系
◆ 了解区块链技术的发展机遇与挑战

### 引导案例

区块链从极客游戏开始，到现在成为备受瞩目的技术新星，经历了演变和发展。区块链是什么？区块链具有哪些特性？区块链是如何产生的？区块链发展经历了哪几个阶段？这些基本问题是我们认识区块链的关键。同时，随着现代科学技术的发展，区块链越来越需要与物联网、大数据、人工智能、云计算等新技术相结合，共同为人类社会创造价值。

### 相关知识

## 1.1 区块链概念

区块链概念

2008年11月1日，中本聪（Satoshi Nakamoto）发表《比特币：一种点对点的电子现金系统》的论文，标志着不需要交易双方互信就可以安全交易的点对点价值交换体系的诞生。区块链的概念是从比特币系统的结构中抽象出来的，其本质是一个分布式账本。

传统的记账方式大多基于中心化结构，具有绝对地位的特权节点独立记账，其他节点服从特权节点的权威从而达成集体共识，共同维护此中心化结构记账系统的稳定。然而，中心化结构存在中心节点作恶、中心节点负载过高等问题，无法保证绝对信任可靠。去中心化结构，也叫分布式结构，通过每一个节点都执行记账任务来保证只要大于51%的节点是诚实的，那么记账结果就一定是真实可靠的。

采用分布式结构的缺点在于账本信息的冗余程度较高，每个节点都需要独立维护一份账本，存储成本和计算成本都很高。同时分布式账本的节点记账权需要通过一定的规则进行分配，以保证系统不会出现恶性争夺或不顺从指挥等问题。这个规则称为共识机制，如比特币中的共识机制为"工作量证明"（Proof of Work），通过与节点所拥有的实际算力成正比的概率轮流获取记账权，以保障比特币系统的稳定运行。

节点之间达成共识是通过 P2P 网络实现通信的，而不是通过传统中心化的服务器统一进行信息交换。交换的信息包括刚刚产生的交易和已经打包为区块结构的交易。刚刚产生的交易通过"洪水算法"告知每一个节点，而最近取得记账权的节点将其验证过的合法性交易列表打包为区块结构，并告知其他节点。所有节点再对于这个新区块的合法性独立进行检查，如果符合要求，就将新区块放到所有合法区块的后面，通过链表式的结构连接起来，于是称为区块链。

总之，区块链是一种全新的融合型技术，存储上基于块链式数据结构，通信上基于点对点对等网络，架构上基于去中心化的分布式系统，交易上基于哈希算法与非对称加密，维护上基于共识机制。作为一种多方共享的数据库，区块链融合计算机科学、社会学、经济学、管理学等学科，可实现多个主体之间的分布式协作，从而构建了信任基础。

## 1.2 区块链特性

区块链特性

区块链的基本特性包括去中心化、不可篡改性、开放性、匿名性和自治性。下面详细阐述每个特性的含义。

### 1. 去中心化

去中心化是指众多节点均具有平等的地位，没有永久性的特权节点，只有临时主导记账的节点。无论是存储还是计算任务，都由全部节点分别独立承担，以信息冗余、处理复杂度增加等代价换取系统的可靠性和稳定性。点对点的交易系统通过密码学等数学算法建立信任关系，不需要第三方进行信任背书，从而彻底改造了传统的中心化信任机制。

### 2. 不可篡改性

信息一经打包为区块并加入区块链的最长合法链，那么此信息就永久地被记录在区块链上。从概率学角度分析，几乎没有可能篡改或删除链上的信息，除非恶意节点超过 51%并集体作恶篡改数据库。通过区块链的巧妙设计，结合哈希算法、非对称加密等技术，衍生出应用潜力广泛的不可篡改特性，成为构建信任的重要基础。

### 3. 开放性

区块链系统是相对开放的。对于公有链，所有人都可以申请成为本区块链的一个节点。而对于联盟链和私有链，虽然需要经过一定的身份审核，但是一经成为正式节点，那么所有的权利和义务均与其他节点平等，共同分享数据和接口，所有数据公开透明，查询内容真实可靠，应用开发规范清晰。

### 4. 匿名性

虽然区块链的所有数据是公开透明的，但是用户的隐私依然能够得到保护。区块链借鉴非对称加密中公私钥对的设计，将私钥作为用户的核心隐私，对外接收、发送转账只需暴露公钥，从而让交易对方无从获取其真实身份。另外，公私钥对可以无限次重复生成，一个用户可以拥有多个账户，这也为保护用户真实身份和交易信息提供了保障。

### 5. 自治性

去中心化的结构导致区块链中节点的独立性很高，但是独立性并不代表绝对自由，不遵守区块链协议和规范的节点往往会受到惩罚。区块链通过全体节点协商一致的规则来维护安全性和稳定性，通过区块链社区的自行治理，不断完善规则帮助区块链达成既定目标。

## 1.3　区块链来源

区块链的形成

旧石器时代的货币是实物货币，如贝壳、金银等，因为它们具有稀缺性，所以用于充当一般等价物。人们的记账方式也较为简单，普遍是依靠死记硬背和心算。随着部落人数增多和生产力的发展，开始出现生产剩余，人们就发明了用不同的符号来刻画记录和把场景画下来这两种方法记账。此后，结绳记事、书契等文字记录法，都是账本最初的形态。

后来，我们开始用纸币进行支付，如100元面值的人民币制作成本虽远低于100元，却能够换取价值100元的物品。这是因为有国家的信用背书，成本低于100元的纸币才能够换取100元的商品。

随着互联网的发展，我们从纸币过渡到记账货币，如发工资只是在银行卡账户上做数字的加法、买衣服只是在银行卡账户上做减法，整个过程都是银行在记账，且只有银行有记账权。这种记账方法仍然存在着信息不对称和信用问题。在2008年全球经济危机中，美国政府因为有记账权，所以可以无限增发货币，将金融风险转嫁至其他国家。

同年，比特币的创造者中本聪创建了一种新型支付体系：大家都有权利进行记账，货币不能超发，整个账本完全公开透明。这种分布式账本可以完美解决以上记账方法的不足之处，它由一个、多个乃至无数个区块组成，假设每个区块代表账本的一页，区块可以无限增加；每个区块都会加密并盖上时间戳，按照时间顺序连接成一个总账本；它由参与用户共同维护，去中心化。区块链技术带来了一种智能化信任，可以很好地解决信任成本问题。与最初的账本不同的是，基于区块链技术的信任是建立在区块链上的，而非由单个组织掌控，公信可以被多方交叉验证与监督。

2008年区块（Block）链（Chain）首次出现在中本聪的《比特币：一种点对点的电子现金系统》中，论文描述了比特币的概念及其工作机制，但并未直接使用区块链（Blockchain）这个术语，而是将"区块"和"链"分别用来解释许多概念。中本聪将这项技术描述为，每个区块都包含关于事务的数据，所有区块都连接在一个链中。多年后，区块链成了这项技术的术语。

区块链由多种技术结合而来，区块链的整体技术发展需要依靠多种核心技术的整体突破，这些技术包括分布式存储、P2P技术、非对称加密算法、共识机制等。

虽然中本聪是最早提出使用区块链记录比特币交易的人，但从技术上讲，这并不是区块链概念的开始。为此，我们必须追溯到1991年，在斯图尔特·哈伯（Stuart Haber）和斯科特·斯托内塔（W. Scott Stornetta）撰写的《如何在数字文档上加盖时间戳》（*How to Time-Stamp a Digital Document*）中，第一次提出关于数据区块的加密保护链产品。此文中，他们提出了加盖时间戳的数字文档概念，以确保交易在某个时间"签署"。次年，哈伯和斯托内塔在每个"块"中应用了默克尔树（Merkle Tree）也称为哈希树（Hash Tree）来存储交易数据。

1996 年，剑桥大学密码学家罗斯·安德森（Ross Anderson）在论文中描述了一个无法删除和篡改任何对系统进行更新的分布式存储系统。当时，这被认为是一篇关于开发更安全的点对点系统的革命性论文。2000 年，斯特凡·康斯特（Stefan Konst）发表了加密保护链的统一理论，该理论针对文件签名的匿名性和安全性提出了一整套实施方案。

区块链技术的一个重大突破发生在 2002 年，当时密码学家大卫·马齐尔（David Mazières）和丹尼斯·莎莎（Dennis Shasha）提出了一个分散信任的网络文件系统。这是区块链技术的原型，因为这个文件系统的作者之间相互信任，而不是信任系统本身。他们使用 SHA256 加密或类似的哈希函数进行数字签名，提交并将其附加到默克尔树中的其他链中。

这些技术最终实现了信息的不可篡改性，以及在保密的前提下能被更多人认证的区块链技术体系，并且开始在应用领域创造奇迹。其更为重要的应用价值是，可以实现原本互不信任的各方借此迅速建立相互信任的合作。

## 1.4  区块链发展的里程碑

区块链的发展历程

区块链的发展经历了三个里程碑，分别是区块链 1.0、区块链 2.0 和区块链 3.0。下面详细介绍这三个里程碑。

### 1. 区块链 1.0：从比特币看区块链

区块链 1.0 是以比特币为代表的虚拟货币的时代，包括支付、流通等虚拟货币的职能，主要具备的是去中心化的数字货币交易支付功能，目标是实现货币的去中心化与支付手段。

比特币就是区块链 1.0 最典型的代表，区块链的发展得到了欧美等国际市场的认可，同时也催生了大量的货币交易平台，实现了货币的部分职能，能够实现货品交易。比特币勾勒了一个宏大的蓝图，未来的货币不再依赖于各国央行的发布，而是进行全球化的货币统一。

区块链 1.0 只满足虚拟货币的需要，虽然区块链 1.0 的蓝图很宏大，但是无法普及到其他行业中。区块链 1.0 时代涌现出了大量的山寨币等。

### 2. 区块链 2.0：以太坊与通证

区块链 2.0 是指智能合约，智能合约与货币相结合，为金融领域提供了更加广泛的应用场景。一个智能合约是一套以数字形式定义的承诺，合约参与方可以在上面执行这些承诺的协议。

区块链对于金融场景具有天生优势。简单来说，如果银行进行跨国转账，则可能需要打通各种环境、货币兑换、转账操作、跨行问题等，而区块链点对点的操作可避免第三方的介入，直接实现点对点转账，提高了工作效率。

区块链 2.0 的代表是以太坊。以太坊是一个平台，它为用户提供了各种模块用以搭建应用平台之上的应用，其实也就是合约，这是以太坊技术的核心。以太坊提供了一个强大的合约编程环境，通过合约的开发，以太坊实现了各种商业与非商业环境下的复杂逻辑。以太坊的核心与比特币系统本身没有本质的区别。以太坊的本质是智能合约的全面实现，支持合约编程，使区块链技术的应用场景不局限于发币，还提供了更多的商业、非商业的应用场景。

### 3. 区块链 3.0：去中心化应用

区块链 3.0 是指区块链在金融行业之外的应用场景，能够满足更加复杂的商业逻辑。区块链 3.0 被称为互联网技术之后的新一代技术创新，足以推动更大的产业改革。

区块链 3.0 涉及生活的方方面面，将更具实用性。它赋能于各行业，不再依赖于第三方或某机构获取信任与建立信用，通过实现信任的方式提高整体系统的工作效率。

换言之，区块链 1.0 是区块链技术的萌芽，区块链 2.0 是区块链在金融、智能合约方向的技术落地，而区块链 3.0 是为了解决各行各业的互信问题，以及数据传递安全性的技术落地与实现。

## 1.5　区块链与"新基建"

### 1.5.1　物联网

物联网（Internet of Things，IoT）是传统互联网和电信通信网络深度结合的产物，实现了相互之间独立物品个体的万物互联。物联网技术现在已经在社会中深度应用，未来将形成现实世界的数位化。物联网技术在物流与运输、供应链管理、供应链金融、工业信息化、智慧城市、自动无人驾驶等方面有着深度的应用前景。

近年来物联网渐成规模，但在发展演进过程中仍存在诸多难以解决的问题。

在个人隐私方面，中心化的管理架构无法自证清白，个人隐私数据被泄露的事件时有发生。在扩展能力方面，目前的物联网数据流都汇总到单一的中心控制系统，未来物联网设备将呈几何级数增长，中心化服务成本难以负担，物联网网络与业务平台需要有新型的系统扩展方案。在网间协作方面，目前很多物联网都是运营商、企业内部的自组织网络，涉及跨多个运营商、多个对等主体之间的协作时，建立信用的成本很高。在设备安全方面，缺乏设备与设备之间相互信任的机制，所有的设备都需要和物联网中心的数据进行核对，一旦数据库崩塌，会对整个物联网造成很大的破坏。在通信协作方面，全球物联网平台缺少统一的技术标准、接口，使得多个物联网设备彼此之间的通信受到阻碍，并产生多个竞争性的标准和平台。

区块链凭借"不可篡改"、"共识机制"和"去中心化"等特性，将对物联网产生以下重要影响。

（1）降低成本：区块链"去中心化"的特性将降低中心化架构的高额运维成本。

（2）隐私保护：区块链中所有传输的数据都经过加密处理，用户的数据和隐私将更加安全。

（3）设备安全：身份权限管理和多方共识有助于识别非法节点，及时阻止恶意节点的接入和作恶。

（4）追本溯源：数据只要写入区块链就难以篡改，依托链式的结构有助于构建可证可溯的电子证据存证。

（5）网间协作：区块链的分布式架构和主体对等的特点有助于打破物联网现存的多个信息孤岛桎梏，以低成本建立互信，促进信息的横向流动和网间协作。

### 1.5.2　大数据

2020 年 4 月，在国家发改委新闻发布会上，首次明确了"新基建"的范围，区块链被首次正式提及，同时被提及的还有大数据、人工智能。大数据主要是通过海量的数据进行机器学习，通过数据分析协助做出各种决策。而区块链在产业中的应用，第一步正是数据信息上链。区块链和大数据均可针对数据进行相应的处理，两者的区别与联系又是什么呢？

大数据通常需要对源数据进行清洗、治理，目的是为了根据历史数据得出规律，便于未来决策。区块链本质是分布式存储、非对称加密、P2P网络等技术共同作用下的"技术组合"。"不可篡改"是由一组技术共同实现的，其本质不是对数据进行任何加工处理，而是保证数据在区块链技术搭建的技术体系架构中可以进行真实记录，不被篡改。当然，"不可篡改"不等于"不能篡改"，根据不同的共识机制，当占用资源超过一定程度后，便可以进行篡改。例如，在PoW的共识机制下，拥有超过50%算力的一方，就可以进行篡改。

大数据与区块链之间，虽然有诸多区别，但也可以进行结合，相互形成有利的补充，去解决应用场景中的技术问题，发挥一加一大于二的效果，两者的结合是未来发展的趋势之一。

（1）区块链为大数据收集和需要处理的数据，提供更为科学的存储方式，结合区块链的其他技术特性，能够保证源数据不可篡改和数据的真实性。此特性是除区块链技术之外，当前其他技术所不具备的。

（2）在通过大数据技术进行机器学习与建模之前，一般要进行数据挖掘、数据清洗、数据治理的工作，并且会进行跨系统、跨地域、跨技术架构的数据收集。在对数据进行治理时，虽然数据库表结构、数据格式、数据安全机制等各不相同，但区块链是一个包容性很好的数据存储工具，可通过分布式存储，统一数据规范，并且不受数据格式的限制，同时还可以保证源数据的真实性和不可篡改性。因此，区块链是一个非常好的打破数据孤岛、实现数据共享的工具。

（3）在数据安全方面，区块链可以更加动态化、精细化、低成本地实现对数据访问不同权限的设置。还可以通过相应的非对称加密技术，对数据进行"脱敏"处理或只能做"机读格式"设置，以方便同时对内部保密数据和外部数据进行机器学习和数据建模。

综上所述，区块链在数据存储方面发挥了更大的作用，而大数据在数据分析方面更有独特的优势。大数据与区块链是两种不同的技术，但两者在数据层面上又有很大的互补性。大数据与区块链技术的结合，可以更好地发挥数据价值、价值传输、价值转化的作用。

## 1.5.3 人工智能

人工智能是一门基于大数据的交叉科学，其应用领域包括智能机器人、语音语义识别、图像图片识别等。除对数据进行分析处理这个与大数据领域类似的应用外，人工智能还包括各种智能终端硬件设备，这也是物联网信息采集基础设施的重要组成部分。虽然人工智能终端设备可以更方便、及时地采集数据，但无法解决跨个体、跨系统的信任问题。区块链的分布式账本、共识机制，以及匿名性都有助于建立一个信任体系。信任的环境有助于推动数据加快汇集，从而深化数据的应用，推动人工智能的发展。两者的结合也必将互相促进。

在算力方面，人工智能对算力需求很大。人工智能终端设备的分布普遍分散，在条件允许的情况下，每个终端设备都可以作为分布式的计算节点，通过区块链的技术架构来分享算力，为人工智能提供更好的支持。贡献算力即挖矿，可以激励分散的计算节点来贡献空闲算力，参照区块链中获得区块打包权的方式，将计算任务拆解分配给多个计算节点。

在算法方面，当需要算法保密或完全以私密方式进行时，区块链的匿名性将发挥强大的作用。非对称加密的技术能够保证传输过程中的安全，可多方同时提供数据训练模型。

由此可见，区块链与人工智能在底层技术方面也有诸多互补性。因此，在不同的应用场景中，应当选择合适的方式将两者结合起来，使其价值得到充分发挥，更好地解决场景与实际业务中的问题。

## 1.5.4　云计算

区块链的本质就是分布式账本和智能合约。分布式账本是指一个独特的数据库，这个数据库像网络一样，所有人都使用区块链时就会建立一个生态系统。个人的分布式账本通过数学及密码学，可以永远记住固定序列，其事实内容不会被篡改。而智能合约是指交易双方互相联系约定规则，谁都不能更改，以防止赖账。

从定义上看，云计算是按需分配，而区块链构建了一个信任体系，两者好像没什么直接关系，但是区块链本身就是一种资源，有按需供给的需求，是云计算的一个组成部分。云计算技术和区块链技术之间可以互相融合。

从宏观上看，利用云计算已有的基础服务设施或根据实际需求进行相应改变，可加速开发应用流程，满足未来区块链生态系统中初创企业、学术机构、开源机构、联盟和金融等机构的需求。对于云计算来说，"可信、可靠、可控制"被认为是云计算发展必须翻越的三座山，而区块链技术以去中心化、匿名性和数据不可篡改为主要特征，这与云计算长期发展目标不谋而合。

从存储上看，云计算的存储和区块链内的存储均由普通存储介质组成。而区块链里的存储是作为链里各节点的存储空间，区块链里存储的价值不在于存储本身，而在于相互链接不可更改的块，是一种特殊的存储服务。云计算里确实也需要这样的存储服务，如结合"平安城市"，将数据放在这种类型的存储里，利用不可修改性，可让视频、语音、文件等成为公认有效的法律依据。

从安全性上看，云计算里的安全主要是确保应用能够稳定、可靠地运行，而区块链内的安全是确保每个数据块不被篡改，数据块的记录内容不被没有私钥的用户读取。如果把云计算和基于区块链的安全存储产品相结合，就能设计出加密存储设备。

许多区块链支持者认为其运作模式最适合云端。虽然云计算本身是分布式和容错的，但仍然使用集中式方法来运行，中央实体负责云计算。因为整个云"网络"中建立了多个数据库，所以区块链的分散性将提供更多的自主操作和更高级别的数据安全性。

堆积于区块链云的一个限制是，分散化需要更高的安全性来控制节点间的通信，从而需要使用高度安全的传输协议。这些协议将会增加对物理和计算资源的需求，这可能使区块链交易比当今基于云计算的操作成本更加高昂。

区块链开发是一种比较新的方法，提供了潜在的发展和实施的安全性，无论是从公有云还是从私有云的角度都能进行基于可验证交易的应用。其核心价值已经开始被金融机构所接受，一些大型银行开展了自己的试点项目。

虽然区块链具有提供分散环境和自动化各种数据中心功能的潜力，但是这些功能在很大程度上仍然是投机性的。在不久的将来，寻求开发和实现自己的区块链应用的用户应属于主要云提供商的范围。区块链仍然处于发展的早期阶段，而这种应用开发的方法需要有一个发展成熟的过程。

2018 年年初，Facebook CEO 扎克伯格宣布探索加密技术和虚拟加密货币技术，卫轩、亚马逊、谷歌、IBM 等企业也相继入场。我国腾讯、京东、阿里巴巴等互联网巨头也都接连宣布涉足区块链领域，迅雷更是通过提前布局云计算与区块链实现了企业的转型与业务的快速增长。

布局 BaaS 领域的公司多是大型的云计算服务商。在云的基础上提供的区块链技术，包括成本效率、因公生态和安全隐私。对于云服务商来说，一切硬件设施和基础架构都是现成的，降低 IT 成本已成为必然趋势，所以引入像区块链这样的新技术至关重要。

以联盟链为代表的区块链企业平台，需要利用云设施完善区块链的生态平台，而以公有链为代表的区块链企业平台，则需要为去中心化应用提供稳定可靠的云计算平台。

## 1.6 区块链的发展机遇与挑战

### 1.6.1 发展机遇

随着区块链技术在全球各行业的迅猛发展，区块链对专业人才的需求日益剧增，人才瓶颈逐渐凸显，人才供需失衡成了行业热点关注问题。中国电子学会《区块链技术人才培养标准》（以下简称《标准》）推出了区块链技术人才岗位群分布整理和学科培养内容体系建议，为未来全国规模范围的区块链技术人员的人才培养和能力测试做了纲领性引导。区块链系统由网络服务、数据存储、权限管理等模块共同组成，每个模块都需要多种专业学科知识，其中，数据结构为网络服务、数据存储、权限管理、共识机制、智能合约等模块共同需求，成为适应性最广的专业领域。据了解，区块链技术近两年来呈现爆发趋势，对人才的需求度也急剧增长，从传统互联网行业流入的技术人才无法满足人才市场需求，形成人才与需求的脱节。市场上由此爆发出各类形式多样的区块链技术培训，无主体、无规范的大量培训班在市场上显现，出现了人才培养伪速成的现象。

由于区块链技术开发核心是将现有技术应用到新的逻辑架构中进而实现新功能的，因此区块链人才招募难并不是技术门槛高，而是同时拥有复合型技术知识和区块链实际开发经验的人才存量有限。

越来越多的区块链应用出现在我们的日常生活中，下面从金融服务、征信和权属的数字化管理、共享经济、国际贸易、数字版权 5 个方面阐述区块链未来的发展方向和应用场景。

**1. 金融服务**

区块链技术能够在不通过第三方信用背书的情况下降低交易成本，减少跨组织交易风险。全球不少银行、金融交易中心都在研究区块链技术，还有一些投资机构也在利用区块链技术降低管理成本，提高资金流动效率，降低管控风险。

**2. 征信和权属的数字化管理**

征信和权属的数字化管理是大型社交媒体平台和金融平台所梦寐以求的。区块链可以促进数据交易和流动，提供安全可靠的支持。当然，征信行业的门槛比较高，需要多方资源的配合与推动。

**3. 共享经济**

以 Uber、滴滴出行、Airbnb 为代表的共享经济模式将会受到去中心化应用的冲击，目前虽然中心化机构能够提供可靠的服务和信用，但中心化机构获得垄断地位后，其昂贵的费用不仅让服务提供方不满，而且让服务接收方也会有怨言，而去中心化应用可以降低信任成本，提高管理效率。这个领域主题相对集中，应用空间广泛，受到大量投资者的关注，其难点在于如何在用户体验上做到与中心化共享经济平台相媲美。

#### 4．国际贸易

区块链技术可以自动化处理国际贸易和物流供应链领域中烦琐的手续和流程。基于区块链设计的国际贸易方案将会为参与的多方企业带来极大的便利。贸易中销售和法律合同的数字化、货物监控、货物溯源、货物检测、实时支付等方向都可能成为创业的突破口。

#### 5．数字版权

从本质上来说，区块链技术能够带来生产关系的变革，而数字资产是最容易通过区块链技术进行高效流转的。未来将会出现去中心化的音乐平台、电影平台、小说平台，以及其他一些数字版权平台等，这些数字内容的作者可以将音乐、影视、小说等版权放在公开透明的去中心化数字版权平台上，只要有用户购买其作品，作者就可以实时自动获得版权收益，中间不再需要通过平台来进行分发和利润分成。

我国十分重视区块链技术的发展和运用，不仅在中央决策层面有引导政策，在各地也有产业支持的相关规定。

2016 年 12 月，国务院发布《"十三五"国家信息化规划的通知》（国发〔2016〕73 号），区块链首次作为战略性前沿技术写入规划。

2018 年 4 月，教育部发布《教育信息化 2.0 行动计划》（教技〔2018〕6 号），提出积极探索基于区块链、大数据等新技术的智能学习效果记录、转移、交换、认证等有效方式，形成泛在化、智能化学习体系，推进信息技术和智能技术深度融入教育教学全过程。

2018 年 6 月，工业和信息化部（以下简称工信部）发布《工业互联网发展行动计划（2018—2020 年）》，鼓励推进区块链、边缘计算、深度学习等新兴前沿技术在工业互联网中的应用研究。

2018 年 10 月，工信部表示将积极构建完善区块链标准体系，加快推动重点标准研制和应用推广，逐步构建完善的标准体系。

2019 年 1 月，网信办发布《区块链信息服务管理规定》，为区块链信息服务的提供、使用、管理等提供有效的法律依据。

2019 年 10 月 24 日，中共中央政治局就区块链技术发展现状和趋势进行第十八次集体学习，习近平总书记主持学习时强调，区块链技术的集成应用在新技术革新和产业变革中起着重要的作用；要把区块链作为核心技术自主创新的重要突破口；明确主攻方向，加大投入力度，着力攻克一批关键核心技术；加快推动区块链技术和产业创新发展。这次讲话为区块链行业的发展带来了新动能。

## 1.6.2 未来挑战

区块链在未来发展过程中也面临着一些挑战，下面主要从安全、人才、观念、标准、法律5 个方面阐述区块链面临的挑战。

#### 1．安全

区块链是基于密码学、点对点通信、共识算法、智能合约、顶层应用构建等融合型技术。因此，针对每个技术都存在一定的安全风险。

（1）密码学包括哈希算法、非对称加密等加密解密技术，一些密码学算法本身就存在漏洞，如 MD5 算法，已经被山东大学王小云教授成功破解。对于一些成熟的密码学算法，如比特币所采用的 SHA-256 算法和椭圆加密算法，尽管目前尚不存在破解方法，但是随着量子计算的不断发展，计算力的指数级提升将会对所有密码学算法带来冲击。对此，应当继续探索对抗量子计算的量子密码学算法。同时，公私钥对的账户模式对私钥的安全性提出了挑战，传统钱包软件能否安全保护用户私钥存在疑问，并且用户能否妥善保管私钥也存在疑问。

（2）对于点对点通信网络，有 5 种常见攻击方式对区块链安全造成冲击。第一，日食攻击。日食攻击是通过建立大量的恶意连接来使某个节点被孤立、隔离在恶意网络中。恶意节点垄断此节点的输入和输出，诱骗其执行恶意节点的任务，或者使其误以为已经发生转账从而盗取钱财。第二，分割攻击。攻击者利用边界网关协议（BGP）改变节点消息的路由途径，从而将整个区块链网络分割为两个或多个，待攻击结束后，区块链重新整合为一条链，其余链将被废弃，攻击者从中选择对自己最有利的部分变为最长链，实现"双重支付"和"恶意排除交易"等非法行为。第三，延迟攻击。攻击者通过边界网关协议来控制对某些节点的新消息接收，从而延迟其挖矿程序的监听时间，使得矿工损失大量时间和算力。第四，DDoS 攻击。攻击者通过发送大量恶意消息并且不进行握手确认，占用大量接收信息节点的计算存储资源和网络通信资源，从而使得区块链网络瘫痪。第五，交易延展性攻击。多数挖矿程序是用 Openssl 库校验用户签名的，而 Openssl 可以兼容多种编码格式，所以对签名进行微调依然是有效签名。攻击者通过微调签名并使用不同的交易 ID 实现对同一笔交易的"双重支付"行为。

（3）针对共识算法层面，常见的攻击方式如下。第一，51%攻击。51%攻击主要针对 PoW 算法，如果系统的恶意节点掌握了超过 51%的算力，那么大概率有能力控制最长合法链的强制选择，从而使得任何恶意交易都可以变得"合法"。第二，女巫攻击。攻击者通过单一节点生成大量假名节点，通过控制大量节点并谎称完全备份来获得与其实际资源不匹配的强大权利，并削弱冗余备份的作用。此外，还有短距离攻击、长距离攻击、币龄累计攻击和预计算攻击。

（4）针对智能合约层面，目前针对合约虚拟机的攻击方式有逃逸漏洞攻击、逻辑漏洞攻击、堆栈溢出漏洞攻击、资源滥用漏洞攻击。同时，针对智能合约的攻击方式有可重入攻击、调用深度攻击、交易顺序依赖攻击、时间戳依赖攻击、误操作异常攻击、整数溢出攻击和接口权限攻击等。

（5）针对顶层应用构建，主要是数字货币交易平台、区块链移动数字钱包 App、网站、DApp 等存在管理漏洞和技术漏洞问题。

**2. 人才**

从 2008 年区块链概念问世至 2021 年，区块链经过了 13 年的飞速发展，但是其产生时间有限，社会认知困难，人才储备一直处于不足的状态。区块链领域往往需要复合型人才，因为区块链不单纯是一个技术问题，更是业务模式创新的问题，所以要求该类人才对业务模式也要有深入的认识和分析。

根据《2018 年区块链人才供需与发展研究报告》，真正符合区块链人才要求的仅占总需求量的 7%。《区块链白皮书（2019）》中也提出，区块链技术是一门多学科跨领域的技术，包含了密码学、数学、金融、操作系统、网络通信、社会生产等，我国在交叉学科方面还有待进一步发展。

**3. 观念**

区块链的概念在普及过程中遇到很大阻力，有以下两点原因。

第一，区块链本身是一个多学科融合、应用场景较为复杂的技术，所以对大众的知识水平有较高的要求。现在区块链概念普及的重要工作方向是，如何让大众形象真切地感受区块链的社会价值。

第二，区块链在过去的"币圈"发展中给大众造成了很多负面印象。"币圈"在全世界范围产生了深远的影响，虽然正面作用突出，但是各类盗窃、诈骗、投机等乱象层出不穷，给大众形成了区块链并不可靠的负面形象。"币圈"仅仅是区块链领域的一部分，由于其发展时间较短、标准尚未统一等原因，一直处于野蛮增长阶段。相信在行业规范诞生后，"币圈"能够逐步拥抱实体经济，脱虚向实，成为实体经济的内在价值流转机制，为社会带来安全可靠的贡献。

### 4．标准

由于发展时间较短，区块链行业各个企业组织往往"自起炉灶"，其架构、网络通信、密码学算法、共识机制等标准的不同为互联互通带来了极大的障碍，影响了区块链行业的落地进程。

区块链行业的标准统一将有助于大众充分认知区块链，有助于监管部门的有效监督，有助于企业的高速发展，将大大减少"重复造轮子"等社会资源浪费情况。目前国家和企业都在积极进行区块链行业标准的探索与沟通，有利于我国在区块链技术上的自主创新，加速区块链产业的互联互通。针对关键性标准，要积极对接 ISO、ITU 等国际标准组织。

### 5．法律

区块链行业处于一个谨慎发展的阶段，一方面要完善相关法律法规，另一方面要严格遵守反洗钱、限制 ICO 等现有法律的规范，法律层面应该完善区块链底层技术和上层应用规范，从账户安全、资金安全、隐私安全、软件安全、业务安全、存储安全、计算安全等方面进行严格监管，避免技术风险和道德风险。同时，需要继续理性处理数字货币的监管问题，保护大众利益，并引领我国相关企业在数字货币、数字资产领域的快速发展。

## 本章习题

### 一、填空题

1．大型云计算服务商在云的基础上提供区块链技术，优势在于_____、_____、_____三个方面。

2．_____于 2008 年设计了比特币系统，并将第一个挖出的区块称为_____。

3．区块链的 5 大特点包括_____、_____、_____、_____、_____。

### 二、单项选择题

1．以下哪个选项不属于区块链的特点（　　）。

A．去中心化　　　　　　　　　　B．不可篡改性

C．完全封闭性　　　　　　　　　D．匿名性

2．区块链凭借"不可篡改"、"共识机制"和"去中心化"等特性，对物联网将产生的重要影响不包括（　　）。

A．降低成本　　　　　　　　　　B．追本溯源

C．数据安全　　　　　　　　　　D．提高设备寿命

3．大数据、人工智能和区块链三者（　　）。

A．不能结合，技术之间存在冲突

B．没有必要结合，区块链技术可以代替大数据、人工智能

C．没有必要结合，使用大数据和人工智能的场景，无须再使用区块链

D．可以结合，有互相促进的关系，需要找到适合的结合方式

**三、判断题**

1. 数据只要写入区块链就难以篡改，依托链式的结构有助于构建可证可溯的电子证据存证。（　　）

2. 大数据就是人工智能，人工智能就是大数据。（　　）

3. 区块链与人工智能主要是在底层技术方面有诸多互补性。（　　）

# 第2章

# 区块链初级技术应用

## ➡ 学习目标

◆ 了解区块链基本含义与原理
◆ 掌握区块链分类与技术架构
◆ 掌握区块链的 4 个核心技术
◆ 熟练运用区块链技术进行应用实践

## ➡ 引导案例

区块链技术的日益普及和发展给信息上链工作的开展提供了很多便利,区块链成为互联网的重要组成部分。随着区块链支持政策的不断出现,区块链行业的人才需求也日益增大。本章介绍区块链的核心技术及其应用,并通过实践项目让大家了解区块链技术的本质。

## ➡ 相关知识

## 2.1 区块链内涵及运行原理

区块链运行原理

公认的最早关于区块链的描述性文献是中本聪所撰写的《比特币:一种点对点的电子现金系统》,但其重点在于讨论比特币系统,并没有明确提出区块链的定义和概念,指出区块链是用于记录比特币交易账目历史的数据结构。在 Wikipedia 上给出的定义中,将区块链类比为一种分布式数据库技术,通过维护数据块的链式结构,可以维持持续增长的、不可篡改的数据记录。区块链技术最早的应用出现在比特币项目中。作为比特币背后的分布式记账平台,在无集中式管理的情况下,比特币网络稳定运行了 8 年时间,支持海量的交易记录,并且从未出现严重的漏洞,这些都与巧妙的区块链结构分不开。区块链技术自身仍然在飞速发展着,目前相关规范和标准还在进一步完善中。

区块链的运行原理理解起来并不复杂。它包括以下三个基本概念。

（1）交易（Transaction）：一次对账本的操作，即导致账本状态的改变，如添加一条转账记录。

（2）区块（Block）：记录一段时间内发生的所有交易和状态结果，是对当前账本状态的一次共识。

（3）链（Chain）：由区块按照发生顺序串联而成，是整个账本状态变化的日志记录。

如果把区块链作为一个状态机，则每次交易就是试图改变一次状态，而每次共识生成的区块，就是参与者对于区块中交易导致状态改变的结果进行确认。在实现上，首先假设存在一个分布式的数据记录账本，这个账本只允许添加、不允许删除。账本底层的基本结构是一个线性的链表，这也是其名字"区块链"的由来。链表由一个个"区块"串联组成，如图 2-1 所示，后继区块记录前导区块的哈希值（Pre Hash）。新的数据要加入，必须放到一个新的区块中，而这个块以及块里的交易是否合法，可以通过计算哈希值的方式快速检验出来。任意维护节点都可以提议一个新的合法区块，然而必须经过一定的共识机制来对最终选择的区块达成一致。

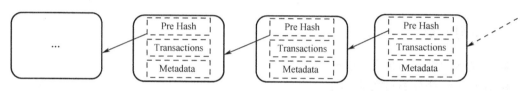

图 2-1　区块链结构示例

下面以比特币为例介绍区块链的工作过程。首先，比特币客户端发起一项交易，广播到比特币网络中并等待确认，网络中的节点会将这些等待确认的交易记录打包在一起（此外还要包括前一个区块头部的哈希值等信息），组成一个候选区块。然后，试图找到一个 Nonce 串（随机串）放到区块里，使得候选区块的哈希值满足一定条件（如小于某个值）。这个 Nonce 串的查找需要一定的时间去进行计算尝试。一旦节点算出来满足条件的 Nonce 串，这个区块在格式上被认为是"合法"的，就可以尝试在网络中将它广播出去。其他节点收到候选区块，进行验证，发现确实符合约定条件，就承认这个区块是一个合法的新区块，并添加到自己维护的区块链上。当大部分节点都将区块添加到自己维护的区块链结构上时，该区块被网络接受，区块中所包括的交易也就得到确认。当然，在实现上还会有很多额外的细节。这里面比较关键的步骤有两个：一个是完成对一批交易的共识（创建区块结构）；另一个是新的区块添加到区块链结构上，被大家认可，并确保其未来无法被篡改。

比特币的这种基于算力寻找 Nonce 串的共识机制称为工作量证明（Proof of Work，PoW）。目前，要让哈希值满足一定条件，并无已知的快速启发式算法，只能进行尝试性的暴力计算。尝试的次数越多（工作量越大），算出来的概率越大。通过调节对哈希值的限制，比特币网络控制平均约 10 分钟产生一个合法区块。算出区块的节点将得到区块中所有交易的管理费和协议固定发放的奖励费（目前是 12.5 比特币，每 4 年减半），这个计算新区块的过程俗称挖矿。大家可能会关心，比特币网络是任何人都可以加入的，如果网络中存在恶意节点，能否进行操作来对区块链中的记录进行篡改，从而破坏整个比特币网络系统。例如，故意不承认收到别人产生的合法候选区块，或者干脆拒绝来自其他节点的交易等。实际上，比特币网络中存在大量的维护节点，而且大部分节点都是正常工作的，只默认所看到的最长链结构。只要网络中不存在超过一半的节点提前勾结在一起采取恶意行动，那么最长的链将在很大概率上成为最终合法的链，而且随着时间的增加，这个概率会越来越大。当然，如果整个网络中大多数的节点都联合起来进行恶意操作，则会导致整个系统无法正常工作。要做到这一点，往往意味着付出很大的代价，与得到的收益相比，得不偿失。

## 2.2 区块链技术演化与分类

区块链分类

本节先介绍区块链技术的演化过程，主要包括三种典型的演化场景。然后，介绍区块链的三种分类，分别是公有链、联盟链、私有链。

### 2.2.1 区块链技术演化

区块链技术自比特币网络设计中被大家发掘关注后，从最初服务于数字货币系统，到今天在分布式账本场景下发挥着越来越大的技术潜力。

比特币区块链已经能够支持简单的脚本计算，但仅限于数字货币相关的处理。除支持数字货币外，还可以将区块链上执行的处理过程进一步泛化，即提供智能合约。智能合约可以提供除货币交易功能外更灵活的合约功能，可执行更为复杂的操作。这样，扩展之后的区块链就已经超越了单纯数据记录的功能，实际上它带有一点"智能计算"的意味。此外，还可以为区块链加入权限管理和高级编程语言支持等，实现更强大的、支持更多商用场景的分布式账本。从计算特点上看，现有区块链技术有三种典型演化场景，如表 2-1 所示。

表 2-1 区块链技术的三种典型演化场景

| 场 景 | 功 能 | 智能合约 | 一 致 性 | 权 限 | 类 型 | 性 能 | 编程语言 | 代 表 |
|---|---|---|---|---|---|---|---|---|
| 公信的数字货币 | 记账功能 | 不带有或较弱 | PoW | 无 | 公有链 | 较低 | 简单脚本 | 比特币网络 |
| 公信的交易处理 | 智能合约 | 图灵完备 | PoW、PoS | 无 | 公有链 | 受限 | 特定语言 | 以太坊网络 |
| 带权限的分布式账本处理 | 商业处理 | 多种语言，图灵完备 | 包括 CFT、BFT 在内的多种机制，可插拔 | 支持 | 联盟链 | 可扩展 | 高级编程语言 | 超级账本 |

### 2.2.2 区块链分类

区块链技术的本质是解决效率和信任问题，由于不同场景下的应用对象不同，所以开放程度、应用范围也存在差异。根据开放程度的不同，一般按照准入机制可将区块链分为公有链（Public Blockchain）、联盟链（Consortium Blockchain）和私有链（Private Blockchain）。

#### 1. 公有链

公有链对外公开，用户不用注册便能参与，能自由访问区块链上的所有信息。公有链是真正意义上的完全去中心化的区块链，通过密码学保证信息不被篡改，并通过经济学上的激励，在匿名的 P2P 网络中形成共识，从而形成去中心化的区块链。

公有链是最早出现的区块链，也是应用最广泛的区块链，绝大部分虚拟数字货币均基于公有区块链，世界上有且仅有一条该币种对应的区块链。作为中心化或准中心化信任的替代物，公有链的安全由共识机制来维护——共识机制可以采取 PoW 或 PoS 等方式，将经济奖励和加密算法验证结合起来，并遵循一般原则，即每个人从中可获得的经济奖励与对共识过程做出的贡献成正比。这些区块链通常被认为是完全去中心化的。

公有链通常也称为非许可链（Permissionless Blockchain），如比特币和以太坊等都是公有链。公有链一般适合于虚拟货币、面向大宗的电子商务、互联网金融的 B2C、C2C 或 C2B 等应用场景。

公有链具有以下 4 个特点。

（1）所有交易数据公开、透明。虽然公有链上所有节点均是匿名（"非实名"）加入网络的，但任何节点都可以查看其他节点的账户余额及交易活动。

（2）无法篡改。公有链是高度去中心化的分布式账本，篡改交易数据几乎不可能实现，除非篡改者控制了全网 51% 的算力，并拥有超过 5 亿元人民币的运作资金。

（3）低吞吐量。高度去中心化和低吞吐量是公有链不得不面对的两难境地，如最成熟的公有链比特币区块链每秒只能处理 7 笔交易信息（按照每笔交易大小为 250 字节计算），高峰期能处理的交易笔数就更少了。

（4）交易速度缓慢。低吞吐量必然带来缓慢的交易速度。比特币网络极度拥堵，有时一笔交易需要几天才能处理完毕，还需要缴纳几百元的转账费。

**2. 联盟链**

联盟链是指共识过程受到预选节点控制的区块链，由某个群体内部指定多个预选的节点为记账人，每个块的生成由所有的预选节点共同决定（预选节点参与共识过程），其他接入节点可以参与交易，但不过问记账过程（其本质上还是托管记账，只是变成分布式记账，预选节点的多少，如何决定每个块的记账者成为该区块链的主要风险点），其他任何人都可以通过该区块链开放的 API 进行限定查询。这些区块链可视为部分去中心化。R3 就是一个典型的联盟链系统。

联盟链仅限于联盟成员参与，区块链上的读/写权限参与记账权限按联盟规则来制定。由 40 多家银行参与的区块链联盟 R3 和 Linux 基金会支持的超级账本项目都属于联盟链架构。联盟链是一种需要注册许可的区块链，其共识过程由预先选好的节点控制。一般来说，它适合机构间的交易、结算或清算等 B2B 场景。例如，在银行间进行支付、结算、清算的系统就可以采用联盟链的形式将各家银行的网关节点作为记账节点，当网络上有超过 2/3 的节点确认一个区块，该区块记录的交易将得到全网确认。联盟链可以根据应用场景来决定对公众的开放程度。由于共识的节点比较少，联盟链一般不采用工作量证明的挖矿机制，而是采用权益证明或 PBFT 等共识算法。联盟链对交易的确认时间、每秒交易数都与公有链有较大的区别，对安全和性能的要求也比公有链高。

联盟链网络由成员机构共同维护，一般通过成员机构的网关节点接入。联盟链平台应提供成员管理、认证、授权、监控、审计等安全管理功能。2015 年成立的 R3 联盟，旨在建立银行同业的一个联盟链，目前已吸引了 40 多个成员，包括世界著名的银行（如摩根大通、高盛、瑞信、巴克莱、汇丰等）和 IT 巨头企业（如 IBM、微软）。

联盟链节点间的运行成本低，交易处理快、交易费用低廉，有很好的扩展性（但是扩展性随着节点的增加会下降），数据可以有一定的隐私。当然联盟链的缺点也很明显，其应用范围不太广泛，缺少比特币的网络传播效应，而且容易造成权力集中。由于节点少，并且需要预选节点进行记账，不能完全解决信任问题，一旦运用不当则容易造成权力集中，甚至引发安全问题。

联盟链具有以下4个特点。

（1）部分去中心化。与公有链不同，联盟链在某种程度上只属于联盟内部的成员，很容易达成共识，因为毕竟联盟链的节点数是非常有限的。

（2）可控性较强。公有链一旦形成区块链将不可篡改，这主要源于公有链的节点一般是海量的，如比特币节点太多，想要篡改区块数据几乎不可能。而联盟链只要机构中的大部分能达成共识，即可将区块数据进行更改。

（3）数据不会默认公开。不同于公有链，联盟链的数据访问权限只限于联盟里的机构及其用户。

（4）交易速度很快。联盟链的本质是私有链，由于其节点不多，达成共识容易，交易速度自然也就快很多。

### 3．私有链

私有链是指写入权限由某个组织和机构控制的区块链。其读取权限或对外开放，或者被进行了任意程度的限制。相关的应用可以包括数据库管理、审计甚至是一个公司，尽管希望它能有公共的可审计性，但在很多情形下，公共的可读性似乎并非是必需的。

大多数人一开始很难理解私有链存在的必要性，认为其和中心化数据库没有太大的区别，甚至还不如中心化数据库的效率高。事实上，中心化和去中心化永远是相对的，私有链可以看作是一个小范围系统内部的公有链，如果从系统外部来观察，则可能觉得这个系统还是中心化的，但是从系统内部的每个节点来看，都是去中心化的。

私有链和公有链的一个巨大区别就是，一般公有链内部会有某种代币，而私有链是可以选择没有代币的设计方案的。对于公有链而言，如果要让每个节点参与竞争记账，则必须设计一种奖励制度，鼓励那些遵守规则参与记账的节点，而这种奖励往往就是依靠代币系统来实现的。但是对于私有链而言，其基本上是属于某个机构内部的节点，参与记账本身就是该组织或机构上级的要求，是工作的一部分，因此并不一定需要通过代币奖励机制来激励每个节点进行记账。所以，代币系统并不是每个区块链必然需要的。考虑到处理速度及账本访问的私密性和安全性，私有链可能更适合商业应用，越来越多的企业在选择区块链方案时，会倾向于选择私有链技术。

私有链具有以下特点。

（1）交易速度非常快。一个私有链的交易速度比其他任何类型的区块链都快，甚至接近了常规数据库的速度。这是因为只需要算少量的节点并都具有很高的信任度，所以一个交易并不需要每个节点都验证。

（2）给隐私更好的保障。私有链使得在区块链上的数据隐私政策能像在数据库中一样，不用处理访问权限等，但这个数据不会公开地被拥有网络连接的任何人获得。

（3）交易成本大幅降低甚至为零。私有链上可以进行完全免费或非常廉价的交易。如果一个实体机构控制和处理所有的交易，那么它就不再需要为工作而收取费用。即使该交易处理是由多个实体机构完成的，如竞争性银行，由于不需要节点之间的完全协议，因此只有很少的节点需要为任何一个交易而工作。

（4）有助于保护其基本产品不被破坏。正是这一点使得银行等金融机构能在目前的环境中欣然接受私有链，银行和政府在管理其产品上拥有既得利益，因此用在跨国贸易的国家法定货币上也是有价值的。

## 2.3 区块链通用技术架构

区块链通用技术架构

一般来说，区块链系统由数据层、网络层、共识层、激励层、合约层和应用层组成。其中，共识层主要封装各类共识算法；激励层将激励机制集成到区块链技术体系中，主要包括经济激励的发行机制和分配机制等；合约层主要封装各类脚本、算法和智能合约，是区块链可编程特性的基础；应用层则封装了区块链应用于各种应用场景的应用程序。在该模型中，基于时间戳的链式区块结构、分布式节点的共识机制、基于共识算法的激励机制和灵活可编程的智能合约是区块链技术最具代表性的创新点。数据层、网络层、共识层是构建区块链应用的必要元素，而激励层、合约层和应用层则不是每个区块链应用的必要结构，一些区块链应用并不完整包含此三层结构。区块链的层级结构如图 2-2 所示。

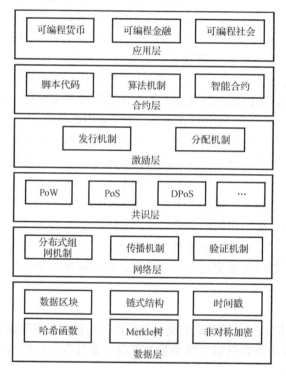

图 2-2　区块链的层级结构

### 1. 数据层

数据层（Data Layer）是整个区块链技术中最底层的数据结构，包含区块链的数据区块、链式结构，以及区块上的时间戳、非对称加密等信息。

### 2. 网络层

网络层（Network Layer）包括分布式组网机制、传播机制和验证机制等，网络层主要通过 P2P 技术实现，因此区块链本质上可以说是一个 P2P 网络（对于 P2P 网络在 2.4 节会有详细介绍）。

### 3. 共识层

共识层（Consensus Layer）主要包含共识算法及共识机制，能让高度分散的节点在去中心化的区块链系统中高效地针对区块数据的有效性达成共识，是区块链的核心技术之一，也是区块链社群的治理机制。目前已经出现了十余种共识机制算法，其中较为知名的有工作量证明（PoW）、权益证明（PoS）、股份授权证明（DPoS）等。

### 4. 激励层

激励层（Actuator Layer）将经济因素集成到区块链技术体系中，主要包括经济激励的发行机制和分配机制，其功能是提供一定的激励措施，鼓励节点参与区块链的安全验证工作。

激励层主要出现在公有链中，因为在公有链中必须激励遵守规则参与记账的节点，并且惩罚不遵守规则的节点，才能让整个系统朝着良性循环的方向发展。因此，激励机制往往也是一种博弈机制，让更多遵守规则的节点愿意进行记账。而在私有链中，不一定需要进行激励，因为参与记账的节点往往在链外完成了博弈，也就是可能有强制力或有其他需求来要求参与者记账。

### 5. 合约层

合约层（Contract Layer）主要包括各种脚本代码、算法机制和智能合约，是区块链可编程的基础。通过合约层将代码嵌入区块链或令牌中，实现可以自定义的智能合约，并在达到某个确定的约束条件情况下，无须经由第三方就能自动执行，这是区块链实现机器信任的基础。

### 6. 应用层

应用层（Application Layer）封装了区块链面向各种应用场景的应用程序，如搭建以太坊的各类区块链应用就部署在应用层上。应用层类似于 Windows 操作系统上的应用程序，互联网浏览器上的门户网站、搜寻引擎、电子商城或手机端上的 App，开发者将区块链技术应用部署在如以太坊、EOS、QTUM 上，并在现实生活场景中落地。

## 2.4　区块链核心技术

区块链核心技术

本节主要介绍 4 种典型的区块链核心技术，分别是密码学、P2P 网络、共识机制和智能合约。

## 2.4.1　密码学

区块链的基础在于密码学技术。它是所有区块链运行的理论基础，并且自下向上贯穿区块链的整个技术栈。从底层数据的加密、账户的公私钥配对计算、签名、网络链接使用的各类证书，到应用层面的同态加密及多方计算等均离不开密码学的研发应用，是整个加密世界的基础。

### 1. 非对称加密

非对称加密是密码学中最常用的一类加密算法，它涉及两个密钥，一个可以公开传递，被称为公钥；另一个必须由用户自己严格保管，被称为私钥。如果用其中一个密钥进行加密后，则只能用唯一对应的另一个密钥才能解密出明文，所以这种加密技术被称为非对称加密。

非对称加密的用途很广，是签名、证书等加密技术的基础之一。它在区块链中最常见的用途是用公钥生成账户地址（因为账户地址需要公开传递）；私钥由用户自行保管，作为使用账户的唯一凭证。

### 2. 哈希函数

严格来说，哈希（Hash）函数，或者称为散列函数是一种信息摘要方法，通过一定的计算，可以将任意长度的数据信息映射为一个特定长度的字符串。

哈希函数可用公式表示如下。

$$h = \text{Hash}(m)$$

其中，$m$ 是消息，它在计算机上的形式可以是一串文字、一个文本文件、一个图片、一段语音、一个视频等，消息量越大，所需要的计算量越大。$h$ 是哈希值，一般是一个固定长度的字符串。Hash 是哈希函数。这个函数计算的过程一般会很快，但由于这个过程会伴随着信息的丢失，因此这个映射过程是单向的。另外，因为是摘要信息，所以一般会要求两个不同数据的哈希函数映射结果不同。

由此可见，哈希函数具有压缩性、单向性、抗碰撞、随机性等特点。

哈希函数的用途比较多，最常见的是用来生成数据的一个唯一特征"指纹"信息。很多时候，在网络下载过程中，由于网络传输不稳定可能会导致程序文件不完整，或者因为黑客攻击等行为导致用户手中的程序遭到了恶意篡改，因此，一些网站会主动提供软件程序文件的哈希值，用户下载后计算出自己计算机上的文件，并与网站公示的信息进行比较，以此来判断本地的程序文件是否正确、完整。由于这些过程中信息都是公开的，所以在用于验证时哈希函数并不算是一种加密算法。

区块链中哈希函数的应用更多。例如，在比特币中，从公钥生成账户地址的过程中就不止一次地用到了 SHA256、RIPEMD 等哈希函数。一般不会直接对原消息进行签名，而是对哈希后的消息进行签名。这些都是利用哈希函数的压缩性来控制数据量大小的。

在 PoW 系统中，工作量证明所称的"工作"也是 SHA256 哈希值计算的，其他 PoW 系统采用了更多、更新的哈希算法（见 2.4.3 节）。它们都利用了哈希函数的单向性和随机性。

比特币组织区块所用的 Merkle 树采用的也是逐层依次计算各个区块的哈希值方式，这样的方式使得要篡改某区块的内容变得十分困难。哈希函数的抗碰撞特性，使得篡改后的哈希值几乎不可能与原哈希值一致。从这个角度来说，可认为区块链的不可篡改特性是由哈希函数带来的。

### 3. 签名函数

$$s = \text{Sign}(m, \text{sk})$$

$$\text{Verify}(m, \text{pk}, s) = \text{True/False}$$

其中，$m$ 是消息，和哈希函数类似，可以是各种形式；sk 是用户的私钥；pk 是用户的公钥；$s$ 是数字签名，是一个固定长度的字符串；Sign 是签名的函数；Verify 是验证签名的函数。只有当 pk 和 sk 是一对公私钥的时候，才会验证通过。因此，通过非对称加密的特性可以知道，攻击者几乎不可能通过一个假的私钥来伪造出一个能验证通过的签名。

由此可见，签名函数具有不可伪造、不可抵赖的特性。在区块链中，签名算法主要从两个方面来进行身份验证。一方面利用签名函数不可伪造的特点，攻击者几乎不可能冒充签名者伪造交易信息，或者伪装成他人来盗用数字资产。另一方面就是不可抵赖，由于其他人均无法伪造签名，也就说明了交易的发起方只可能是拥有该私钥的用户，该用户也就无法对交易的存在及交易的内容（数量、收款方等）进行抵赖。因此，签名函数实现了用户对其链上资产的绝对控制权。

## 2.4.2 P2P 网络

P2P 网络的含义是点对点网络。网络链接功能是账本得以分布式的链接基础，实现一个对等、点对点的 P2P 网络结构。这也是分布式账本与传统中心化系统的核心区别之一。由于没有特殊的中心节点，所以区块链可以不依赖于某些中心化节点即可运行，以技术的分布实现业务上的分布。

和传统的 BitTorrent 类似，很多技术可以用于实现一个 P2P 的网络，包括 Gossip、Kademlia、NAT 等。目前一些用于组建网络和穿透内网的开发工具，如 libp2p 等也被越来越多地用于区块链平台。

## 2.4.3 共识机制

作为区块链的核心，理解区块链的共识机制至关重要。共识机制是区块链节点用于区块链信息达成全网一致共识的机制，可以保证最新的区块被准确添加至区块链，与节点存储的区块链信息一致，甚至可以抵御恶意攻击。它可以理解成一套大家共同遵守的游戏规则，在这套规则中，所有人一起参与这个游戏，维护整个网络的安全，并且获得回报。

主流的共识机制有很多，包括工作量证明（PoW）、权益证明（PoS）、混合证明（PoS+PoW）等。我们熟悉的以太坊（ETH）主网的共识机制早期为 PoW，后期为 PoS。

比特币区块链采用去中心化记账方法，所有节点都有记账权利，但最后写入新区块需要得到全网所有节点验证有效，并且所有节点最后保存的账本是一样的。要实现去中心化记账一致性和正确性的关键是共识算法，共识算法可理解为确保记账一致性的机制。比特币采用的共识算法是基于工作量证明的 PoW 算法。近些年陆续出现一些新的数字货币基于新共识算法，包括权益证明（PoS）、股份授权证明（DPoS）、混合共识（Casper/PoW+PoS、BFT+PoW 等）、其他分布式共识算法（PBFT、Raft）。

## 2.4.4 智能合约

智能合约是指一种计算机协议，这类协议一旦制定和部署，就能实现自我执行（Self-executing）和自我验证（Self-verifying），而且不再需要人为干预。从技术角度来说，智能合约可以被看作一种计算机程序，这种程序可以自主地执行全部或部分同合约相关的操作，并产生相应的可以被验证的证据，来说明执行合约操作的有效性。

智能合约具有以下优点。

（1）实时更新。任何时候都可以响应用户请求，大大提高了交易效率。

（2）准确执行。将条款和执行过程提前制定好，使执行结果可控且保证准确性。

（3）人为干预风险较低。智能合约一旦部署，合约内容无法修改，合约生效后无法更改。

（4）去中心化权威。智能合约的监督和仲裁由计算机而不是中心化权威完成，区块链网络不存在绝对权威，而是由全体用户集体监督和仲裁。

（5）运行成本较低。智能合约没有人力干预，降低了合约履行仲裁和执行需要的人力成本。

区块链 2.0 阶段的一个重要标志是智能合约概念的实现，可以在区块链的分布式账本基础上，实现去中心化的多方参与、规则透明、不可篡改、符合条件，即可执行的"合约"。

在区块链早期，以比特币为代表的区块链网络，更多的是以简单脚本的方式实现了一些基本的可编程属性。但由于脚本自身设计的原因，可实现的功能有限。

而当前的可编程实现，通常会以某种虚拟机的方式来实现，如 EVM 等，进而形成相对独立的合约层。

对于运行环境更可控的许可链（联盟链、私有链等），也会采用容器方式实现应用逻辑。容器是近年来兴起的、不同于虚拟机的一种新型虚拟化技术。相比于指令有限的 EVM 等虚拟机方式，容器可调用的资源更多。

## 2.5 区块链技术的典型应用

区块链技术的典型应用

当前区块链技术的应用已有数以万计，本节选取几个典型应用进行介绍。

### 2.5.1 数字货币

数字货币又称加密货币或加密资产，在概念界定上，世界银行采用加密货币（Crypto Currency）概念，认为它们是依靠加密技术达成共识的数字货币的子集，如比特币和以太币。国际货币基金组织使用加密资产（Crypto Assets）的称谓，认为它们是价值的数字呈现，通过密码学和分布式账本技术得以实现。它们以自己的账户单位计价，可以在没有中介的情况下对等传输。美国国家标准与技术研究院从计算机科学角度将加密货币界定为从一个区块链网络用户以密码方式发送给另一个用户的系统内的数字资产、积分或单元。我国有学者认为："数字货币以区块链作为底层技术支持，具有去中心化、可编程性、以密码学原理实现安全验证等特征"。也有学者认为："数字货币是一种具有财产性价值属性的电磁记录型数据"。目前数字货币的概念还在自发认识阶段，尚未形成理性和统一的认识。上述定义主要从数字货币的技术构成、表现形式或社会功能上进行界定。

下面介绍数字货币与其相关概念的关系，包括数字货币与区块链、数字货币与加密资产、数字货币与虚拟货币、数字货币与电子支付。

（1）数字货币与区块链

区块链又称为分布式账本技术（Distributed Ledger Technology），美国国家标准与技术研究院将区块链界定为以加密方式签名后的交易记录分组成区块的分布式数字账本。《中国区块链技术和应用发展白皮书（2016）》认为，区块链是分布式数据存储、点对点传输、共识机制、加密算法等计算机技术在互联网时代的创新应用模式。在法学层面，区块链是指以分布式计算为目的生成的，以数据存储、点对点传输、共识机制、加密算法等为核心的计算机技术集合。数字货币与区块链不同，数字货币是区块链技术最具有代表性的应用，区块链则是数字货币的底层技术。正是基于区块链技术，使得数字货币既区别于传统的纸币，也区别于电子货币、Q币、游戏币等其他虚拟货币。

（2）数字货币与加密资产

欧盟委员会认为，加密资产是指所有可以通过使用分布式账本技术或类似技术进行电子化传输和存储价值或权利的数字化表现形式。数字货币和法定数字货币是使用分布式账本技术或类似技术进行的数字化表现形式，因此构成加密资产。可以说，数字货币和法定数字货币都是加密资产的一种，除此之外，加密资产还包括使用分布式账本技术或类似技术进行的电子支付等其他资产类型。

（3）数字货币与虚拟货币

数字货币与虚拟货币既有联系又有区别。根据国际货币基金组织的定义，虚拟货币是价值的数字表示，由私人开发商发行并以自己的记账单位计价，其使用范围比货币更加广泛，其中就包括数字货币。我国有学者认为："虚拟货币以计算机技术和通信技术为手段，以数字化的形式存储在网络或有关电子设备中，并通过网络系统传输实现流通和支付功能。"由此可见，虚拟货币泛指一切以数字化方式存在的记账单位。在数字货币与虚拟货币的关系上，数字货币是虚拟货币的一种，但是具有与传统虚拟货币，如 Q 币、游戏币、积分、点券等不同的特征，数字货币采用区块链技术，多采取去中心化方式运营，发行总量固定，使用范围广泛，具有通货性。而传统的虚拟货币采取互联网等通信技术，由中心化的网络运营者发行，使用范围限于相关的网络服务。

（4）数字货币与电子支付

与数字货币相关的概念还有电子支付。在区块链时代来临之前，电子支付又称为电子货币。虽然电子支付和数字货币均存在于网络空间，但数字货币与电子支付却是不同的事物。电子支付是指通过电子信息的交换来完成债务清偿的支付工具，它是互联网技术在支付领域的应用。有学者认为："电子货币是一种在网络电子信用基础上发展起来的新货币形式，是以电子脉冲进行资金传输和存储的信用货币"。也有学者将"银行等金融机构发行的代替纸币流通、具有法币功能的电子形式货币叫作电子货币"。由此可见，多数学者将电子货币视为纸币的电子化，因而电子货币具有法偿性。关于电子货币的性质，有学者认为"电子货币的物质形态是保存在计算机或 IC 卡里的电子数据，是民法中物的一种"。

数字货币与电子货币都有一定的通货支付属性，但二者的不同之处也很明显。首先，它们的发行机构不同。数字货币并非由有权机关发行，不代表实质商品或货物，发行者也没有兑现实物的义务。而电子货币则是由有权机关或其授权的发钞机构发行，以国家信用为背书，并通过法律保证其法偿性。其次，它们在技术原理上也并不相同，基于区块链技术的数字货币采用去中心化方式运行，用户的交易记录在全网公开，任何人都可以通过区块链浏览器等方式查询到特定区块的交易。而对于电子货币，用户只能看到与自己相关的交易，无法得知他人的交易情况，只有中心运营机构，如银行或第三方支付机构才能知道所有账户的交易情况。

数字货币是一个复杂的新生事物，按照不同的标准可以将其划分为 4 类，分别是通用币和承用币，升值币和稳定币，资产代币和现金代币，证券代币、支付代币和实用代币。

（1）通用币和承用币

以数字货币接受方的范围为标准，可以将数字货币分为通用币和承用币。

通用币是指在市场上流通并不受发行人使用限制的数字货币，如比特币、以太币及大多数的空气币等。承用币是指虽然可以在市场上流通，但仅为发行人承诺使用的数字货币，它的最大特点是只被代币发行机构所接受。承用币在欧盟加密资产监管框架建议中被称为实用代币或实用币，如某些机构发行的仅供购买发行机构商品或服务的数字货币等。

（2）升值币和稳定币

以数字货币的价格是否受市场因素影响而剧烈变化为标准，可以将数字货币分为升值币和稳定币。

升值币（又称波动币或增值币）是指在短期内受市场因素影响价格浮动较大的数字货币。比特币、以太币及大多数的空气币都是典型的升值币。美国国家经济研究局（National Bureau of Economic Research）的 David Yermack 研究表明，在价值存储上，比特币价格波动远高于欧元、日元、英镑等主要币种，也高于黄金，甚至比高风险的股票波动幅度还大。稳定币是指在短期内价格不易受到市场因素影响而相对稳定的数字货币。最知名的稳定币就是 USDT（泰达币），它是 Tether 公司推出并锚定美元的代币，1 USDT=1 美元，用户可以随时使用 USDT 兑换美元。此外，对于备受关注的 Libra 币（现已更名为 DIEM），Facebook 在该项目的白皮书中也明确表示"除了锚定多种资产的稳定币外，我们还会提供锚定单一货币的稳定币"，因此，倘若能顺利发行，DIEM 币则属于稳定币。价值由一种法定货币支持的"稳定币"与欧盟《电子现金指令》（Electronic Money Directive，EMD）第 2 条中的电子现金的定义很接近。在该指令中，电子货币（Electronic Money）是指通过电子化，包括电磁化方式存储货币价值的存在，用户可以请求发行人兑付，发行人在收到资金后发行的电子货币旨在实现 2007/64/EC 指令第 4 条第 5 点定义中的支付交易，由电子货币发行人之外的自然人或法人接受。区分升值币和稳定币的意义在于，升值币作为投资手段应适用投资类法律，而稳定币则通常作为支付和价值储存手段，因此适用相关支付的法律。

（3）资产代币和现金代币

以稳定币锚定的价值来源为标准，可以将稳定币分为资产代币和现金代币。

资产代币（Asset-Referenced Token）是指一种旨在通过锚定多种法定货币，以一种或多种商品，以及加密资产及其组合来维护其价值的数字货币。现金代币（Electronic Money Token 或 E-Money Token）是指以用作支付方式为目的和主要用途，通过锚定一种法定货币的价值而发行的数字货币。现金代币和法定数字货币不同，它不是法定货币，而是锚定一种特定法定货币而发行的代币，与法币本身不同，如锚定美元的现金代币泰达币。法定数字货币的性质为法定货币，只是采取的技术载体和手段与传统法币不同而已，如数字人民币（E-CNY）。

（4）证券代币、支付代币和实用代币

以数字货币的使用方式为标准，可以将数字货币分为证券代币、支付代币和实用代币。

证券代币（Security Token）是指发行人发行的数字货币，符合证券法关于证券或证券衍生品实质要件的代币。新加坡金融管理局（Monetary Authority of Singapore，MAS）发布的《关于支付代币衍生品合约的拟议监管方法咨询文件》明确规定，符合《新加坡证券和期货法》的数字货币属于金融工具，必须符合该法律的证券监管条件和接受有权机关的监管。

支付代币（Payment Token）又称数字支付代币，是指不以任何货币计价，发行者发布的代币也不与任何货币挂钩，能够以电子记录方式转移、储存或交易，并以成为公众或部分公众接受的支付工具，或者以媒介为目的而发行的数字货币。典型的支付代币是比特币、以太币、USDT 和 OLO 等。支付代币不属于证券及其衍生品，但其在属性上是金融工具，适用金融法。

实用代币是指一种旨在向基于分布式账本技术之上的商品或服务提供数字化访问的数字货币。如前所述，实用代币又称承用币，也可称为消费者效用代币。不同于证券代币和支付代币，其只用于访问代币发行者提供的商品或服务，因此不构成资本市场背景下的金融工具，不适用金融法的规定。

## 2.5.2　加密数字货币的代表——比特币

比特币是区块链技术的第 1 个典型应用，由中本聪提出并实现。

比特币网络是对传统交易和支付方式的一个伟大革新，其中的加密数字货币是比特币，在比特币网络中进行挖矿可以获取这种加密数字货币。这种加密数字货币通过比特币网络或其他交易网站进行交易，可以用来购买电子商品或与其他的加密数字货币兑换，也可以将比特币捐赠给其他人，如图 2-3 所示。

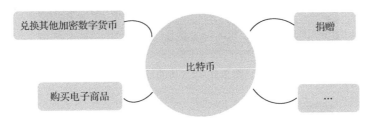

图 2-3　比特币

比特币的详细信息可访问比特币的官方网站进行查阅，其首页如图 2-4 所示。

图 2-4　比特币官方网站首页

## 2.5.3　智能合约鼻祖——以太坊

以太坊（Ethereum）是一个开源的、有智能合约功能的区块链公共平台。它是程序员维塔利克·布特林受比特币启发后提出并组织开发的，用于开发各种基于智能合约的去中心化应用（DApp）。以太坊的目的是要将区块链技术应用于加密数字货币以外的领域，如社交、众筹、游戏等，如图 2-5 所示。

随着以太坊的不断发展，已经出现了各种各样的去中心化应用，如电子猫、RPG 游戏、微博客、身份管理、众筹等，以太坊的应用领域如图 2-6 所示。

关于以太坊的详细资料可访问以太坊官方网站，其首页如图 2-7 所示。

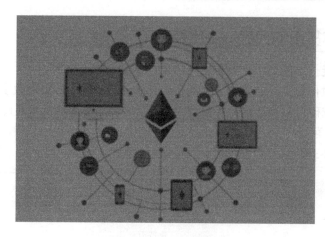

图 2-5　以太坊的目的

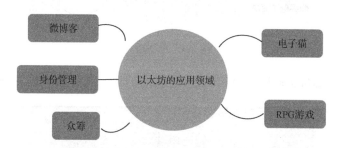

图 2-6　以太坊的应用领域

图 2-7　以太坊官方网站首页

## 2.5.4　迪士尼区块链平台——龙链

　　龙链（Dragonchain）是迪士尼（Disney）孵化的一个区块链项目，它是首个比较著名的娱乐行业的区块链项目。关于龙链的详细信息可访问其官方网站进行查阅，如图 2-8 所示。

图 2-8　龙链官方网站首页

在龙链的白皮书中指出，其目的是打造一站式的区块链商业服务平台。它有三个重要组成部分，即开源平台、孵化器和产品及服务市场，如图 2-9 所示。

图 2-9　龙链的重要组成部分

## 2.5.5　Linux 基金会的开源账本——Hyperledger

超级账本（Hyperledger）是一个旨在推动区块链跨行业应用的开源项目，该项目由 Linux 基金会于 2015 年 12 月主导发起，参与项目的成员包括金融、物联网、供应链、制造业等众多领域的领军企业。超级账本的目的是通过提供一个可靠稳定、性能良好的区块链框架促进区块链及分布式记账系统的跨行业发展与协作，这个框架主要包括 Sawtooth、Iroha、Fabric、Burrow 4 个项目，如图 2-10 所示。

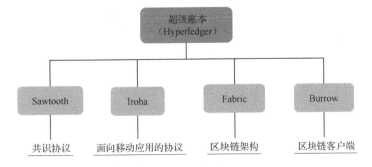

图 2-10　超级账本的框架构成

超级账本的详细信息可访问其官方网站，首页如图 2-11 所示。

图 2-11　超级账本官方网站首页

## 2.5.6　区块链操作系统——EOS

EOS（Enterprise Operation System）是为商用分布式应用设计的一款区块链操作系统，由创始人 BM 主导开发的一套新的区块链架构，旨在实现分布式的性能扩展，被称为"区块链3.0"，其官方网站首页如图 2-12 所示。EOS 的设计目标包括零手续费；支持上亿级别海量用户；超过百万 TPS（Transaction Per Second）的性能；横向和纵向的扩展能力。

图 2-12　EOS 官方网站首页

尽管 EOS 为了更高的性能牺牲了部分去中心化特点，但是它构建了一个开发者友好的区块链底层平台。利用 EOS 代币通胀机制能够使用户免费使用网络资源，同时兼具可扩展性和安全性。EOS 共识机制基于 BFT-DPOS，设立了 21 个超级节点进行记账，同时设立 100个备选节点对 21 个超级节点进行监督，并为用户提供去中心化的智能合约服务。另外，EOS采用类似电子邮件模式的系统架构和跨链消息传递机制，不同于传统的点对点通信网络。

EOS 提供账户、身份验证、数据库、异步通信，以及在数以百计的 CPU 或集群上的程序调度。该技术的最终形式是一个区块链体系架构，该架构每秒可以支持数百万个交易，而普通用户无须支付任何使用费用。EOS 的详细资料可以访问其官方网站查阅。

⊙ **学习项目**

## 2.6 项目 以太坊钱包插件 MetaMask 应用实践

数字钱包是信息和软件的集合体，它是一种能使用户在 Web 网上支付货款的软件。

本项目选择一款在谷歌浏览器 Chrome 上使用的以太坊钱包插件 MetaMask，通过创建 MetaMask 钱包、申请水龙头代币、转账/收款、导出私钥、导入账户、链接硬件钱包、在 Etherscan 上查看详情等任务，让大家掌握数字钱包使用的基本技巧。

### 2.6.1 任务 1 创建 MetaMask 钱包

本任务主要学会下载安装 MetaMask 钱包，并熟悉其作用和使用方法。

在学习创建 MetaMask 钱包任务之前，首先了解以下几个专用术语。

（1）MetaMask：谷歌浏览器 Chrome 有一批忠实用户，因为它支持最新的网页标准，而且有一个强大的插件系统，ETH 钱包 MetaMask 也是谷歌浏览器 Chrome 的一个插件。

MetaMask 不只是一个简单的钱包，它的主要特点是让使用者可以很方便地与以太坊进行智能合约互动，还可以用来参加 ICO。与大部分钱包功能一样，MetaMask 也不会存储钱包资料，所有钱包的私钥和密码都由使用者本身持有，即使 MetaMask 停止更新，用户也可以用私钥到其他钱包中拿回属于自己的币。

（2）水龙头（Faucet）：指给访问者免费分发少量数字货币的网站。

（3）私钥：私钥是一个随机选出来的数字。比特币地址中的资金取决于对私钥的控制，拥有私钥就相当于拥有这个私钥地址下的所有比特币，所以必须对私钥保密并防止丢失（难以复原），一旦丢失，其地址下的比特币也相当于没有了。

（4）硬件钱包：指运行于定制硬件上的钱包，其主要功能是保存私钥、防止被盗。它的最大特点是安全性好。

（5）Etherscan：指主流以太坊区块浏览器。它向开发者提供 API 服务，用于方便检索以太坊区块链的信息。

下面介绍下载安装 MetaMask 钱包的步骤和使用方法。

（1）软/硬件环境。

软/硬件环境如表 2-2 所示。

表 2-2 软/硬件环境

| 硬 件 环 境 | 软 件 环 境 | 实验用软件 |
|---|---|---|
| 单核处理器<br>内存：1~2GB<br>硬盘：20GB<br>千兆网口<br>23.5 英寸 LED 显示器 | 操作系统：CentOS7.0 | google-chrome-stablecurrentx86_64.rpm<br>MetaMask-7.7.9.crx<br>文件位置：/home/blockchain/下载 |

（2）下载谷歌浏览器。

打开 Google 官网，下载 Chrome 浏览器，如图 2-13 所示。

图 2-13　下载 Chrome 浏览器

（3）使用 yum localinstall 方法安装 Chrome 浏览器。

```
# yum localinstall google-chrome-stablecurrentx86_64.rpm
```

选择 CentOS 桌面左上角的"应用程序"→"互联网"→"Google Chrome"选项，运行 Chrome 浏览器，在弹出的对话框中单击"确定"按钮。

（4）在 Chrome 浏览器中输入"chrome://extensions"，打开扩展程序。打开窗口右上角的 "开发者模式"开关，如图 2-14 所示。

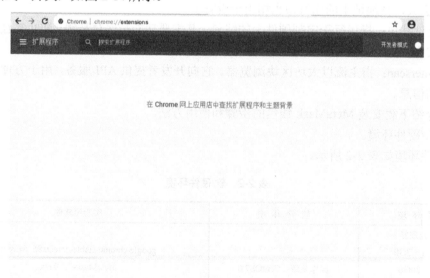

图 2-14　Chrome 开发者模式设置

（5）在本地"下载"文件夹中找到并拖动 MetaMask.crx 文件到 Chrome 浏览器的扩展程序窗口内，在弹出的对话框中单击"添加扩展程序"按钮，如图 2-15 所示。如果拖动 MetaMask.crx 文件无反应，则重启 Chrome 浏览器后重做上述步骤。

图 2-15 将 MetaMask 文件添加到扩展程序

出现图 2-16 所示窗口，说明 MetaMask 钱包扩展安装成功，单击"开始使用"按钮。

图 2-16 MetaMask 首页

（6）用户可以在 MetaMask 里导入已有钱包或创建新钱包。单击"创建钱包"按钮，如图 2-17 所示。单击"I agree"按钮，同意 MetaMask 的功能细节。

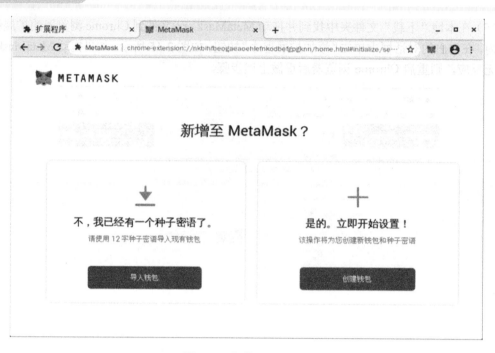

图 2-17　新增 MetaMask

（7）创建账户密码。

图 2-18 展示了创建账户密码对话框。

图 2-18　"创建密码"对话框

（8）记录私密备份密语。

单击中间灰色区域"点击此处显示密语"，出现私密备份密语，如图 2-19 所示。

图 2-19　查看私密备份密语

记录出现的私密备份密语，即 12 个单词，如图 2-20 所示。

图 2-20　显示私密备份密语

（9）确认私密备份密语。

根据图 2-20 记录的顺序单击 12 个单词，显示在下图的空白框中，如图 2-21 所示。单击"确认"按钮。

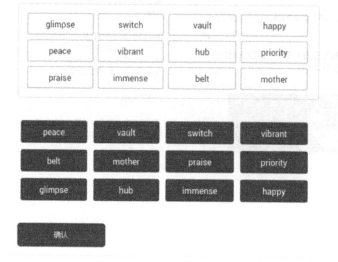

图 2-21　确认私密备份密语

出现恭喜完成安装界面。单击"全部完成"按钮，如图 2-22 所示。

图 2-22　MetaMask 钱包创建成功

（10）查看新建账户。

回到 MetaMask 首页，查看新建账户 Account1，如图 2-23 所示。

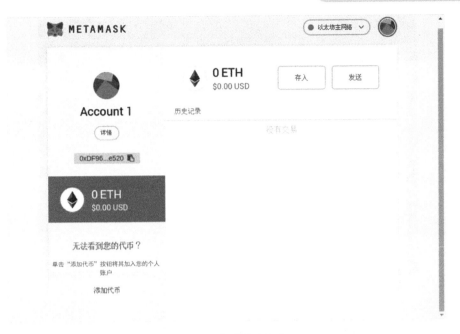

图 2-23　查看新建账户

## 2.6.2　任务 2　申请水龙头代币

本任务主要学习水龙头代币的申请。

在 MetaMask 右上角的下拉窗口中选择"Kovan 测试网络"选项，如图 2-24 所示。

图 2-24　选择 Kovan 测试网络

单击"存入"按钮，进入 Kovan 测试网络页面，单击"存入 Ether"按钮，如图 2-25 所示。

图 2-25　存入 Ether

在图 2-26 中，单击网络链接地址 https://faucet.kovan.network/。

图 2-26　访问 faucet.kovan.network 地址

单击"用 GitHub 登录"按钮，如图 2-27 所示。

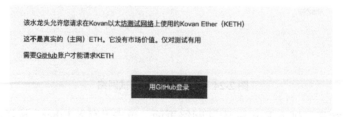

图 2-27　用 GitHub 登录

回到 MetaMask 钱包页面，单击复制图标，复制钱包密钥，如图 2-28 所示。

图 2-28　复制钱包密钥

在水龙头页面的文本框中粘贴密钥，或者单击鼠标右键，选择"粘贴"菜单项，最后单击"Send me KETH!"按钮，如图 2-29 所示。

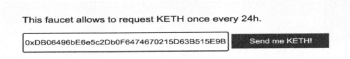

图 2-29　发送 KETH

在 MetaMask 钱包页面右上角，选中"Kovan 测试网络"选项，在屏幕左侧中部出现 1 ETH，说明成功领取了 1 个以太坊币，如图 2-30 所示。

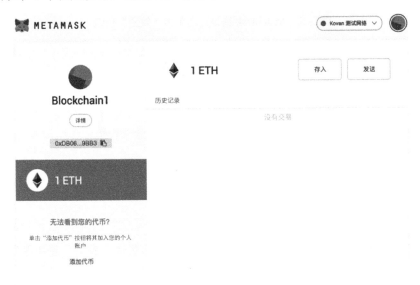

图 2-30　成功领取 1 个以太坊币

若出现如图 2-31 所示的提示，则说明之前该账户已经申请过 Kovan 测试币，24 小时以内不能重复申请。

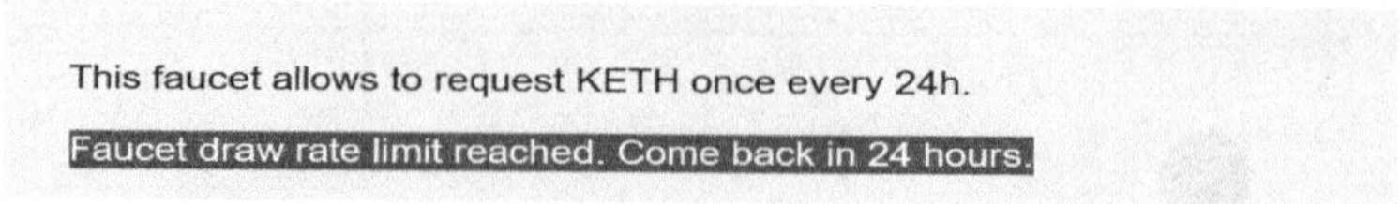

This faucet allows to request KETH once every 24h.
Faucet draw rate limit reached. Come back in 24 hours.

图 2-31　24 小时内不能重复申请 Kovan 测试币

## 2.6.3　任务 3　转账/收款

在 MetaMask 钱包页面单击“发送”按钮，如图 2-32 所示。

METAMASK
Kovan 测试网络
1 ETH
存入
发送
Blockchain1
详情
0xDB06...9BB3
历史记录
没有交易
1 ETH
无法看到您的代币？
单击“添加代币”按钮将其加入您的个人账户
添加代币

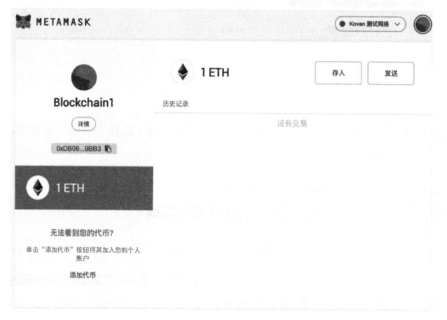

图 2-32　MetaMask 钱包页面单击“发送”按钮

添加收件人。在图 2-33 中输入接收钱包的密钥，或者扫描二维码即可添加收件人。

添加收件人
取消
查找、公用地址 (0x) 或 ENS
最近记录
0xDF96...e520

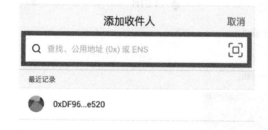

图 2-33　添加收件人

设置要转账的测试币数量，并选择交易费。交易费与转账速度有关，越快越贵，如图 2-34 所示。

单击图 2-35 中的“确认”按钮确认转账。

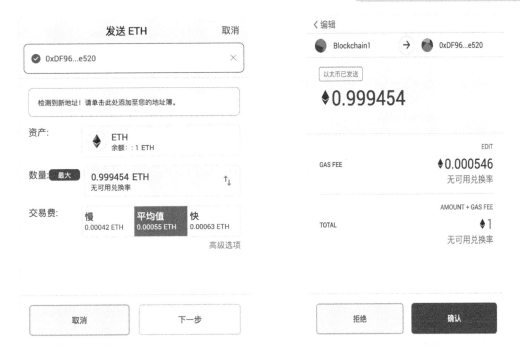

图 2-34 测试币数量与交易费设置　　　　图 2-35 确认转账

在 MetaMask 钱包页面显示队列中有了一条记录，10～20s 后以太币发送完成，如图 2-36 所示。

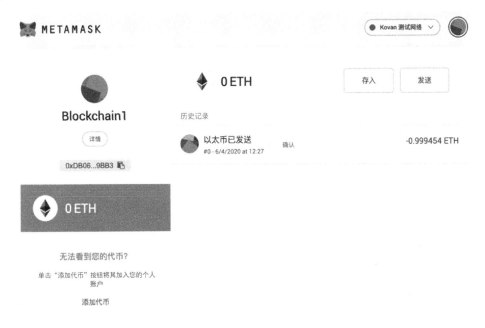

图 2-36 以太币发送完成

单击"详情"按钮，查看发送测试币交易明细，如图 2-37 所示。

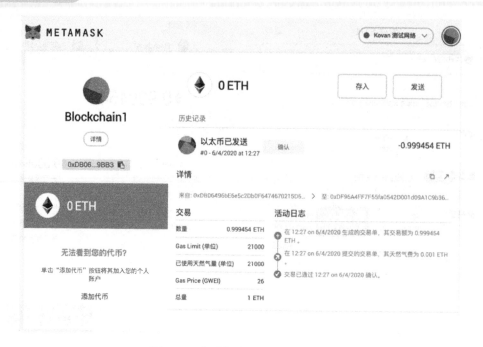

图 2-37　查看发送测试币交易明细

## 2.6.4　任务 4　导出私钥

单击 MetaMask 钱包的"详情"按钮，如图 2-38 所示。

图 2-38　以太币账户详情链接页面

在图 2-39 账户详情页面中，单击"导出私钥"按钮，在密码框中输入密码并单击"完成"按钮即可复制并保存私钥，如图 2-40 所示。

图 2-39　单击"导出私钥"按钮

图 2-40　显示私钥

## 2.6.5　任务 5　导入账户

单击 MetaMask 钱包页面右上角的账户图标，选择"导入账户"选项，如图 2-41 所示。

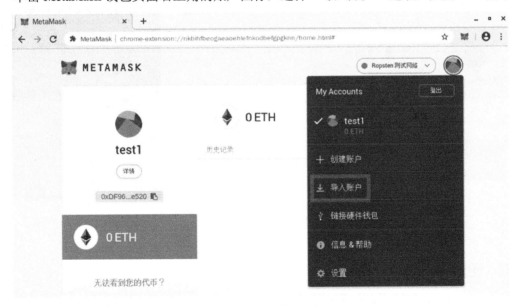

图 2-41　导入账户页

选择类型为"私钥"，在图 2-42 中粘贴或手工输入导出的私钥，单击"导入"按钮。

将新账户 Account 2 导入 MetaMask 钱包，如图 2-43 所示。

新导入的账户 ID 和导入密钥相对应。在 MetaMask 钱包右上角的图标里可见这两个账号，如图 2-44 所示。

图 2-42　导入私钥

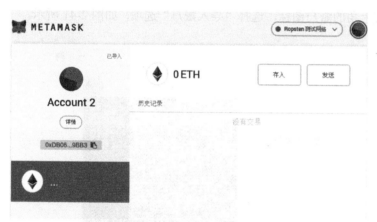

图 2-43　新账户导入 MetaMask 钱包

图 2-44　显示两个账户

## 2.6.6　任务 6　链接硬件钱包

单击 MetaMask 钱包页面右上角的账户图标，选择"链接硬件钱包"选项，如图 2-45 所示。

在连接硬件钱包页面选择 Ledger 或 TREZOR 选项，单击"连接"按钮，如图 2-46 所示。以 TREZOR 为例，在出现的图 2-47 页面中单击"安装桥"按钮。

注：由于目前 TREZOR 服务问题，可能出现类似于"Transport is missing"的错误提示。请多次重试。

图 2-45 选择"链接硬件钱包"选项

图 2-46 连接硬件钱包

图 2-47 单击"安装桥"按钮

## 2.6.7 任务 7 在 Etherscan 上查看详情

单击 MetaMask 钱包的"详情"按钮，在弹出的窗口中单击"在 Etherscan 上查看"按钮，如图 2-48 所示，就会出现 kovan.Etherscan.io 网址。

图 2-48 在 Etherscan 上查看详情

完成安全检查后，进入 kovan.Etherscan.io 网站首页，如图 2-49 所示。

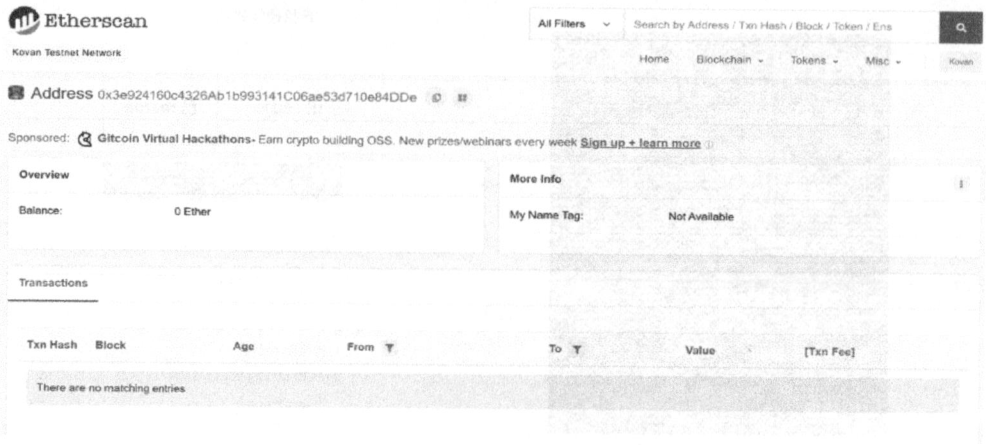

图 2-49　kovan.Etherscan.io 网站首页

# 本章习题

## 一、填空题

1. 比特币系统里面没有客户端（Client）/服务器（Server）的概念，因为比特币是＿＿＿＿＿，节点之间地位平等，也不是基于互联网的浏览器（Browser）/服务器（Server）的模型，参与组成比特币网络的计算机节点本身既是＿＿＿＿＿，同时也是＿＿＿＿＿。

2. 比特币没有账户的概念，比特币余额都是通过区块链上的 UTXO 统计出来的。以太坊则有两种类型的账户，一种是＿＿＿＿＿账户，另一种是＿＿＿＿＿账户。

3. 以太坊区别比特币的工作量证明机制在于后者仅依靠＿＿＿＿＿计算，以太坊的 Ethash 工作量证明机制加入内存难度，使得它具有抵抗＿＿＿＿＿的属性，矿工无法通过使用更快的硬件来提高挖矿效率。

## 二、单项选择题

1. 以太坊区块头中不包含以下哪一项（　　　）。

A．UTXO
B．parentHash
C．uncleHash
D．gasLimit

2. Hyperledger Fabric 是第一个支持以通用语言编写智能合约的区块链平台，以下哪一种语言不是被 Fabric 所支持的（　　　）。

A．Go
B．Java
C．Node.js
D．Solidity

3. 以下哪一项不属于智能合约的优点（　　　）。

A．实时更新
B．准确执行
C．完全免费使用
D．较低人为干预风险

## 三、思考题

1. 比特币钱包的种类及功能差异？

2. 阐述比特币挖矿的基本原理，比特币是如何实现每 10 分钟挖出一个合法区块的？

3. 以太坊外部账户和合约账户的主要区别是什么？

4. 什么是图灵完备？阐述以太坊 EVM 设置 Gas 机制的理由。

5. 以太坊 Ethash 挖矿算法和比特币 PoW 挖矿算法的区别是什么？

6. 简述 Casper 的保证金惩罚机制。

7. Fabric 区块链系统有哪几类节点，各自功能是什么？

8. Fabric 系统可以支持哪几种交易事务，如何实现处理后各节点状态的一致性？

9. 区块链架构一般分成几层，每层的功能是什么？

10. 非对称加密和对称加密的区别是什么，使用哈希函数加密的优点是什么？

11. 常用共识算法有哪些？

12. 什么是智能合约，智能合约有哪些特点？

# 第 *3* 章

# 区块链数据结构与存储技术应用

## 学习目标

◆ 掌握账本和交易的概念
◆ 掌握区块的数据结构
◆ 理解创世区块的作用和结构
◆ 掌握 Merkle 树的结构
◆ 理解区块的数据存储方式

## 引导案例

区块链最底层是数据层，数据层的功能是通过底层的数据结构和数据库，将交易信息、区块信息等数据进行妥善地存储和维护。账本是分布式的数据基础，而数据结构又是基于区块式和链式。区块链的第一个区块叫创世区块，所有的交易在区块中被组织成一棵 Merkle 树的形式。同时，底层数据库负责对数据进行存储和维护。下面我们将要学习全部流程的内容。

## 相关知识

## 3.1 账本

账本技术

账本可对应地理解为传统区块链技术层次里的数据层，负责分布式账本的数据存储。从底层实现来看，主要采用区块+链式的结构方式来组织存储交易数据，近年来还有一些平台采用有向无环图（DAG）的方式来组织交易。

基于底层账本对交易的组织有两种方式，一种是 UTXO，另一种是账户模式。

区块结构组成

## 3.2　区块结构

真实的区块链是一条长度不断增长的链表结构，主要由区块和哈希指针构成。区块是收纳交易的容器，矿工挖矿所干的事情就是把交易打包在区块中，然后把这个区块告诉其他矿工"嘿，各位矿友们，这些交易我已经打包在这个区块里了，你们不用管这些交易，在我的后面继续打包其他交易到新的区块里吧！"。区块链和区块的结构如图3-1所示。

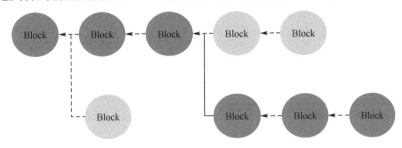

图 3-1　区块链和区块

由图可知，区块便是区块链的核心主体，一个区块主要由两部分组成：区块头和区块主体，其中区块主体由交易列表构成，如表3-1所示。

表 3-1　区块整体结构

| 区块整体结构 | | 说　　明 |
|---|---|---|
| 区块大小（4 字节） | | 用字节表示该字段之后的区块大小 |
| 区块头（80 字节） | 区块版本号（ver，4 字节） | 区块版本号 |
| | 父区块头哈希值（pre_block，32 字节） | 前一个区块头的哈希值 |
| | Merkle 根哈希（mrkl_root，32 字节） | 交易列表生成的 Merkle 根哈希 |
| | 时间戳（time，4 字节） | 该区块产生的近似时间，精确到秒的 UNIX 时间戳 |
| | 难度目标（bits，4 字节） | 难度目标，挖矿的难度值 |
| | Nonce（4 字节） | 挖矿过程中使用的随机值 |
| 区块主体 | 交易计数器（transaction counter，1～9 字节） | 该区块包含的交易数量 |
| | 交易列表（transactions，不定） | 记录在区块中的交易信息 |

## 3.3　创世区块

创世区块概念

区块链里的第一个区块创建于 2009 年，被称为创世区块。它是区块链里所有区块的共同祖先，即从任一区块，循序向后回溯，最终都将到达创世区块。因为创世区块已经预先写入比特币客户端软件里，这能确保创世区块不会被改变。每个节点都"知道"创世区块的哈希值、结构、被创建的时间和里面的一个交易。因此，每个节点都把该区块作为区块链的首区块，从而构建了一个安全的、可信的区块链的根。

创世区块是区块链上的第一个区块，比特币区块链的创世区块信息如图3-2所示。

```
$ bitcoin-cli getblock 000000000019d6689c085ae165831e934ff763ae46a2a6c172b3f1
b60a8ce26f
{
    "hash" : "000000000019d6689c085ae165831e934ff763ae46a2a6c172b3f1b60a8ce26f",
    "confirmations" : 286388,
    "size" : 285,
    "height" : 0,
    "version" : 1,
    "merkleroot" : "4a5e1e4baab89f3a32518a88c31bc87f618f76673e2cc77ab2127b7af
    deda33b",
    "tx" : [
        "4a5e1e4baab89f3a32518a88c31bc87f618f76673e2cc77ab2127b7afdeda33b"
    ],
    "time" : 1231006505,
    "nonce" : 2083236893,
```

图 3-2    比特币创世区块信息

中本聪挖出的比特币创世区块还包含这样一句话"The Times 03/Jan/2009 Chancellor on brink of second bailout for banks."这是泰晤士报当天头版文章的标题，引用这句话，既是对该区块产生时间的说明，也可视为半开玩笑地提醒人们，一个独立货币制度的重要性，同时表明随着比特币的发展，一场前所未有的世界性货币革命将要发生。该消息由比特币的创立者中本聪嵌入创世区块中。

# 3.4    Merkle 树

Merkle 树结构

Merkle 树是一种哈希二叉树，它是一种用于快速归纳和校验大规模数据完整性的数据结构。它是区块链技术里主要使用的数据结构原型。在比特币网络中，Merkle 树被用来归纳一个区块中的所有交易，同时生成整个交易集合的根哈希，且提供了一种校验区块是否存在某交易的高效途径。生成一棵完整的 Merkle 树需要递归地对哈希节点进行哈希，并将新生成的哈希节点插入 Merkle 树中。直到只有一个哈希节点时，该节点就是 Merkle 树的根。在比特币的 Merkle 树中两次使用了 SHA256 算法，因此其加密哈希算法也被称为 double-SHA256。这个过程如图 3-3 所示。

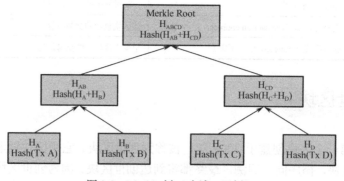

图 3-3    Merkle 树（哈希二叉树）

Merkle 根哈希是区块主体的核心浓缩，它是该区块中所有交易构成哈希二叉树的根哈希值。Merkle 树是自底向上构建的数据结构，所以可由最根部搜寻到任何一个存在于该树中的数据。简而言之，就是通过 Merkle 根哈希可以搜寻出任何一笔存储在该区块中的交易，同时又使得区块头存储的数据非常小，只有 32 字节，为快速验证交易（如 SPV）提供了可能。完整区块的结构如图 3-4 所示。

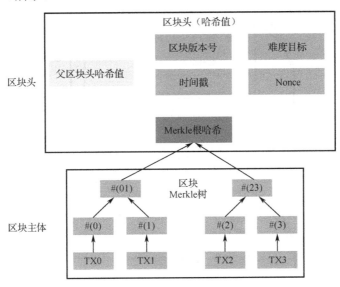

图 3-4  完整区块的结构

## 3.5  数据存储

数据存储

### 3.5.1  账本存储

以比特币为代表的经典区块链核心客户端，使用 Google 的 LevelDB 数据库存储区块链元数据。区块被从远及近有序地链接在这个链条里，每个区块都指向前一个区块。区块链经常被视为一个垂直的栈，第一个区块作为栈底的首区块，随后每个区块都被放置在之前的区块之上。通过用栈来形象化表示区块依次堆叠后，我们便可以使用一些术语，如"高度"来表示区块与首区块之间的距离；"顶部"或"顶端"来表示最新添加的区块。图 3-5 是完整区块账本存储的逻辑结构。

### 3.5.2  Berkeley DB

Berkeley DB 是一个开源的文件数据库，介于关系数据库与内存数据库之间，它提供的是一系列直接访问数据库的函数，而不是像关系数据库那样需要网络通信、SQL 解析等步骤。

（1）开源的 KV 类型数据库。

（2）文件数据库。

优点：数据保存在单一文件中，部署及发布简单，使用内嵌在应用程序中；

缺点：数据库打开时，文件会被加载到内存，因此数据库不宜过大。

（3）嵌入式数据库，提供一系列 API，使用时调用简单。Berkeley DB 库和应用程序可一起编译成为可执行程序。

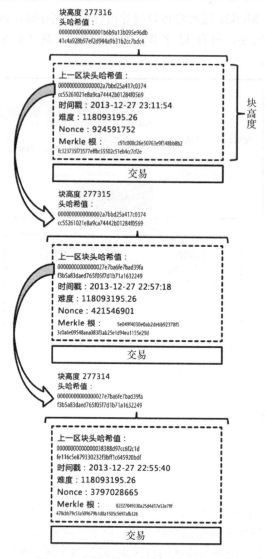

图 3-5　完整区块账本存储的逻辑结构

（4）Berkeley DB 库和应用程序在同一个地址空间，所以无网络通信模块。

（5）不支持对 SQL 代码解码，可以直接访问数据。后期支持部分 SQL。

（6）提供多编程语言调用的各个版本。

## 3.5.3　LevelDB

比特币核心客户端使用 Google 的 LevelDB 数据库存储区块链元数据。LevelDB（默认的 KV 数据库）支持键的查询、组合键的查询、键范围查询。LevelDB 是默认的状态数据库。LevelDB 是采用 C++编写的一种高性能嵌入式数据库，没有独立的数据库进程，占用资源少，速度快。它有如下一些特点。

（1）键和值可以是任意的字节数组。

（2）数据是按键排序后存储的。

（3）可以自定义排序方法。

（4）基本的操作是基于键的，如

Put(key,value)；

Get(key)；

Delete(key)。

（5）支持批量修改的原子操作。

（6）支持创建快照。

（7）支持对数据前向和后向的迭代操作。

（8）数据采用 Snappy 压缩。

## 3.5.4 Couch DB

Couch DB 是一种文档型数据库，提供 RESTful 的 API 操作数据库文档。它支持原生的 JSON 和字节数组，基于 JSON 操作，可以支持复杂的查询。如果存储的数据是字节数组，也支持基本的键值对操作。存储在 Couch DB 中的数据 CouchDoc 包含 JSONValue 和附件两个部分，具体内容如下：

```
type CouchDoc struct {
JSONValue []byte
Attachments []Attachment
}
type Attachment struct {
Name string
ContentType string
Length uint64
AttachmentBytes []byte
}
```

其中，JSONValue 也和存储的类型有关系，它最终会转换成一个 JSON 的结构。JSONValue 结构序列化后的具体内容如下：

```
{
"version": "$BlockNum:$TxNum",
"chaincodeid": "$chaincodeID",
"data": "$rawJSON"
}
```

## ➥ 学习项目

## 3.6 项目 Merkle 树的实现

## 3.6.1 任务1 SHA256 哈希函数的使用

Hash 算法是区块链中常用的一种算法，能够将任意长度的字符串转换为固定长度的字符串，并且对输入字符串的变化特别敏感，如果输入有任何的改变，哈希输出值都有较大的变动。本任务主要是让大家了解哈希算法的作用和使用方法。

（1）声明使用 UTF-8 格式，并且引入 Hash 函数的包。

```
# -*- coding:utf-8 -*-        #用于使用中文字符
import hashlib    #用于哈希运算
import random    #用于随机数生成
```

（2）编写 list_hashing 函数，使数据列表中的每个数据都能变为其对应的 Hash 值。

```
#声明 list_hashing 函数，传入的参数除自带的 self 外，还包括本区块所有交易数据的 data_list，以列表形式表示
def list_hashing(self, data_list):
        result_hash_list = list()    #声明输出结果变量，将其定义为一个列表
        for data in data_list:    #对于每一个在数据列表中的数据，都将其进行循环，以待后续进行 Hash 函数操作
                sha_256 = hashlib.sha256()    #声明一个 Hashlib 库中的 SHA256 函数
                sha_256.update(str(data).encode('utf-8'))    #将当前数据输入 SHA256 函数中
                result_hash_list.append(sha_256.hexdigest())    #将 SHA256 函数的输出转变为十六进制摘要，并加入结果 Hash 列表中
                        return result_hash_list    #返回结果，是一个 Hash 列表
```

（3）编写 catenate_hash 函数，将两个数据拼接在一起后进行 SHA256 哈希操作，以十六进制摘要的形式输出。

```
def catenate_hash(self, data1, data2):    #定义 catenate_hash 函数，传入的参数包括两个数据，输出的结果为分别哈希后的拼接
        sha_256 = hashlib.sha256()    #声明一个 Hashlib 库中的 SHA256 函数
        sha_256.update(data1.encode("utf-8"))    #将第 1 个数据输入 SHA256 函数中
        sha_256.update(data2.encode("utf-8"))    #将第 2 个数据拼接到第 1 个数据后面输入的 SHA256 函数中
        return sha_256.hexdigest()    #返回两个数据拼接在一起后的 SHA256 函数输出
```

## 3.6.2　任务2　生成一棵 Merkle 树

区块链中的交易都是独立的数据，这些数据是如何高效查询和验证的呢？利用 Merkle 树就可以将独立的交易数据高效地组织起来，方法是利用 Hash 算法将交易数据转化为哈希值，再对哈希值进行 Hash 运算，即可生成一棵 Merkle 树。本任务主要是让大家了解 Merkle 树是如何生成的。

（1）建立 Merkle_Tree 类，编写初始化函数。

```
    class Merkle_Tree:    #声明 Merkle_Tree 类
    def __init__(self, data_list):    #声明类的初始化函数，传入的参数除自带的 self 外，还包括本区块所有交易数据的 data_list，以列表形式表示
            self.data_list = data_list    #类的 data_list 域被初始化为传入的 data_list 参数，注意，这里有两个 data_list，一个是类内的数据，另一个是初始化传入的参数
            self._merkle_tree = dict() #
            self.hash_list = self.list_hashing(data_list)    #将所有数据转变为 Hash 值，并且依然按照原顺序排列为列表
```

```
        (self.hash_list, self.layer_length) = self.generate(self.hash_list)        #把所有 Hash 值按照 Merkle 树规
则生成树，generate 函数编写见后面
        self.merkle_root = self.hash_list["layer_{}".format(len(self.hash_list) - 1)]        #将 Merkle 树的根节
点记录下来，也就是最高一层的那个 Hash 值
```

（2）编写 generate 函数，将本区块所有数据都进行 Hash 操作后，生成多层 Merkle 树，输出为每一层树和树的层数。

```
    def generate(self, data_list):        #定义 generate 函数，参数包括本区块全部交易数据
        isOdd = True        #定义一个变量来表示数据数量是否为奇数，先默认为奇数
        if len(data_list) % 2 == 0:        #如果数据数量为偶数，则将标记变量设置为偶数
            isOdd = False
        pair_num = int(len(data_list) / 2)        #记录一共有多少对数据要进行哈希函数操作后进入下
一层。如果交易数据是偶数，则是 pair_num 对；如果交易数据是奇数，则是 pair_num 对加上一个落单的交易
数据
        mt = dict()        #将 Merkle 树定义为字典数据结构
        layer_count = 0        #记录 Merkle 树一共有多少层
        layer_list = list()        #定义一个列表，用于记录"本层 Merkle 树中的内容"
        layer_length = list()        #定义一个列表，用于记录每层 Merkle 树的内容长度
        while len(layer_list) >= 1 or layer_count == 0:        #如果第 1 次进入此循环，或者本层的 Merkle
树内容长度大于或等于 1（也就是本层还有内容），则继续循环；否则，停止循环
            if layer_count == 0:        #如果第 1 次进入此循环，则将本区块所有原始交易数据直接赋
给"本层 Merkle 树内容"变量
                layer_list = data_list
            mt["layer_{}".format(layer_count)] = layer_list        #将 Merkle 树的第 0、1、2…层的内
容分别记录下来（通过每层循环到此位置时）
            layer_length.append(len(layer_list))        #将 Merkle 树的每一层内容长度记录下来
            layer_count += 1        #将 Merkle 树层数加 1
            if len(layer_list) == 1:        #如果"本层 Merkle 树内容长度"只有 1，则 Merkle 树已经
建立完成，表示可以退出循环了，那个长度 1 的内容就是 Merkle 树的根
                break
            next_layer_list = list()        #定义"接下来一层 Merkle 树内容"变量，它是一个列表
            for i in range(pair_num):        #对于本层每一对内容，都进行一次循环
                next_layer_list.append(self.catenate_hash(layer_list[2 * i], layer_list[2 * i + 1]))
#将本层所有成对的内容都进行拼接后，再进行哈希函数操作
                if isOdd == True:        #如果存在落单的本层内容，则将其自己与自己配对再进行哈希函
数操作
                next_layer_list.append(self.catenate_hash(layer_list[-1], layer_list[-1]))
            layer_list = next_layer_list        #将"接下来一层的 Merkle 树内容"赋给"本层的 Merkle
树内容"，准备进入下一层循环
            isOdd = True        #默认为奇数个内容
            if len(layer_list) % 2 == 0:        #如果下一层为偶数个内容，则标记为偶数
                isOdd = False
            pair_num = int(len(layer_list) / 2)        #预先计算好下一层有多少个内容对
        return mt, layer_length        #返回 Merkle 树和每一层的内容长度
```

（3）测试 Merkle 树的运行是否正常。

```
    print("【Merkle 树测试 】")        #开始进行 Merkle 树测试
```

```
data_count = random.randint(8,20)        #随机生成交易数据的个数
data = list()      #声明交易数据变量, 是一个列表
for i in range(data_count):      #对于每一个交易数据
    data.append("交易_{}".format(random.randint(0,200)))      #随机生成一个 0~200 的随机数 X, 叫
"交易_X", 写入这个交易数据的内容
print("本区块中原始共有{}个交易数据: ".format(len(data)))      #输出本区块有多少个交易数据
print(data)      #输出所有的交易数据
mt = Merkle_Tree(data)      #声明一个 Merkle_Tree 类变量 mt, 使用 data 对此变量进行初始化
print("Merkle 树: ", mt.hash_list)      #输出 Merkle 树的哈希列表, 里面有每一层的哈希值信息
layer_count = len(mt.hash_list)      #记录 Merkle 树一共有多少层
print("Merkle Tree 层数为: {}".format(str(layer_count)))      #输出 Merkle 树的层数
print("Merkle Tree 各层节点数为: ",mt.layer_length)      #输出 Merkle 树每一层的节点数
print("Merkle Tree 的 Top Hash 节点值: {}".format(str(mt.hash_list["layer_{}".format(str(layer_count-
1))])))      #输出 Merkle 树根节点的哈希值
```

（4）这个 Merkle 树的根节点值就存储在本区块头的 Merkle Root 中, 其结果由于随机性一定会有不同, 但是形式相同。

本区块中原始共有 16 个交易数据如下:

['交易_29', '交易_60', '交易_90', '交易_65', '交易_148', '交易_72', '交易_115', '交易_145', '交易_109', '交易_59', '交易_51', '交易_93', '交易_139', '交易_146', '交易_74', '交易_148']
Merkle 树:      {'layer_0':
['946e58cde9c225464c6cc91fa25c11049a8249fafd5c829b253be9b56cf88d9b',
'7ef8ec3f0ae7b2cb73bacd090b1e7080be1cec9070af510e8cdb445fa487283b',
'4fcbc8ca8a4a0e05256272768f6bd9a4203f37971ca00d32f5e863a22dfacab3',
'd63dd70a6ff332d905853c317e6bddde9f385665e4123268387d2712cf8f8ca0',
'21ad282627663096349fdf6b3a48e407ecf570b70bcc3116daae6a691ec39a08',
'4d72ee9569efbac037c857ddcaac92d3197f479f7295905d8a042829afb5f973',
'0f85b11fc81b69b60ed52835174110881a05e2922a02d3449b3aedcce8e4d331',
'e6db367119d6587f47760a9ef10817abf5eb3f6f2429ccc6e51ce7a5dd3da955',
'97a0addda80cc1c246d50392ce1dc846478ed160d773c5e2b6c91f6bc75265f8',
'b6aab2c3534d9b353039412e42b0f346b4a198270c7cfa00a74d1ef436cabdc0',
'418cf25c00b638e9a6eeb6348921b600a413446f6c20d7abaa25e24b06a47d21',
'00415d5da3ee79e56ef5c1d429cd1352573b840b7cc320ac7252753ded5d7824',
'ac3b6b008740d8aa990771a5cd11fe4901397b852fefea1c8e5a7471ffb2137f',
'a2f4497c70a51ff378c4c0bd2b27518461230e760929733507ea186098b32764',
'df5303e7bc54e3cc9c9ebf1e1fd9154a524bfe837fb5ccd2b784cb429a0ac4bb',
'21ad282627663096349fdf6b3a48e407ecf570b70bcc3116daae6a691ec39a08'], 'layer_1':
['443e3ec2bbcf533f0ac1f62366c4ab06e744f3aba5aa667698db6d416983973e',
'6e08ba02089470ded4394534a4c20f0a3ab34c741f9784a14857c6d5e82dd35e',
'857f907bf1330e34060dd1b5dcb7ebfa1b8672e01b6b3966d1414b94aa439319',
'e6bd19d959d4cd5a82a2c44da2b0e07ea0d03d40878c78780ddcd4d3699bc1b8',
'a20eab36a587cfcc72c8a21f1bc551da94ba57c1dc3918a76484922fdf4d417e',
'45f72ff1a3c9d2c04b85984cb13926fca6e53ab9aba6e6ee2a8ea80d34110e8d',
'3ccf063dd9d375bec0eff5d91b676f70a41cb0ec3b8a3bf37bb7bae3647e3e5c',
'c0cf4c5323da083dbbe8fa45c21f73f5476c3de40e64cd8c9b2b6674da058423'], 'layer_2':
['debb29ef27a1a1bbf3ccf232f57c7e56828db92bb731989d552065b278754765',
'6bc5651bd64a67281e4393ddbff9ac7d264c7242312f9ffb85c8e50657fe1913',
```
```

'624469195d2596fe6c794bef87b10fa40dee5cc114ff3291216d3fe82b7ef64b',
'60771957bed11545284789b7dc58ff516723c2f606788423e7ea77eea4261e48'], 'layer_3':
['3030ec91d2c48353e9fd4e33f8af2f5528a60fca2327ba7a211fb61c57094a06',
'167fb7af3bb3e3320f5dfe3ddf39ecbebecb211727243f2665f5d979e05b0c87'], 'layer_4':
['61f155cfa29930a21159ae8ececd38c5225f192139c0f389ce6b9da41225ada7']}

Merkle Tree 层数为：5

Merkle Tree 各层节点数为： [16, 8, 4, 2, 1]

Merkle Tree 的 Top Hash 节点值：

['61f155cfa29930a21159ae8ececd38c5225f192139c0f389ce6b9da41225ada7']

## 本章习题

### 一、填空题

1．基于底层账本，对交易的组织有两种方式，一种是_____，另一种是_____。

2．真实的区块链是一条长度不断增长的_____结构，主要由_____和_____构成。

3．区块链里的第一个区块创建于_____年，被称为_____。

### 二、单项选择题

1．比特币区块中不包含哪一项数据（　　）。

A．Merkle 根　　　　　　　　　　B．父哈希

C．子哈希　　　　　　　　　　　　D．Nonce

2．从底层实现来看，主要采用区块+链式的结构方式来组织存储交易数据，近年来还有一些平台采用 DAG 的方式来组织交易，DAG 是指（　　）。

A．有向有环图　　　　　　　　　　B．有向无环图

C．无向有环图　　　　　　　　　　D．无向无环图

3．在比特币的 Merkle 树中两次使用到了 SHA256 算法，因此其加密哈希算法也被称为（　　）。

A．double-SHA256　　　　　　　　B．2-SHA256

C．second-SHA256　　　　　　　　D．twice-SHA256

### 三、思考题

区块链在存储方面应用哪种数据库更加合适？请给出你的理由。

# 第4章

# 区块链密码学基础应用

## 学习目标

◆ 掌握密码学基础知识
◆ 掌握非对称加密的原理及应用
◆ 掌握数字签名的原理
◆ 掌握哈希函数
◆ 理解区块链钱包概念
◆ 掌握区块链浏览器使用

## 引导案例

如果你在区块链上注册，就可获得一对地址与私钥。在使用区块链的过程中，你将用到钱包私钥和转账，以及很多加密、解密、哈希函数等计算机密码学的术语。本章我们来讨论和区块链相关的密码学基础知识。

## 相关知识

### 4.1 密码学概念

密码学概念

早期的加密方法只用于字母等文字信息，以手工处理为主，一般采用"置换法"，如以一定规律打乱字母次序、将字母替换为另一个字母、用数字来表示字母等，这类方法被称为古典加密法，在当时还是具有较强的先进性和安全性的。

然而，随着数据统计能力的提高，各种置换法共同存在的大漏洞逐渐显示出来，就是无论怎么改头换面，文章中各字母出现的频率（字频）并没有改变。

1946年2月14日，随着世界上第一台计算机艾尼阿克（ENIAC）的诞生，密码分析技术跨入了新阶段，曾经威名远播的 Greece、Caesar、Playfair、Vigenere、Vernam、Hill 等古典加密法永远退出了历史舞台。同时，伴随着高等数学研究不断取得新成果，信息加密领域开启了"数学+计算机"的现代加密法时代，加密技术也升级成为密码科学。

现代密码技术几乎都是针对二进制数据，无论数据是文本、图片、音频、视频还是程序。信息加密的基本原理是，把明文（Plaintext）用加密（Encryption）方法结合密钥（Key）生成保密的密文（Cryptograph 或 Ciphertext），只有使用正确的解密（Decryption）方法结合解密密钥才能成功还原出明文，如图 4-1 所示。换句话说，如果运用的解密方法不符，特别是解密密钥不正确，即使采用高性能计算机，破译的难度依然极大。信息加密"五要素"模型是原则性的框架，可以依不同技术而有所变化，例如，加密和解密密钥可以是不同数值，可以不使用密钥，也可以不支持解密。需要注意的是，明文并非是"可读"的代名词，而只是一次加密过程的输入或一次解密过程的输出，已经加密的密文也可以成为另一次加密的"明文"，即加密可以无限迭代、层层嵌套。多次加密的过程是一种栈式运算，后进行的加密应该先做解密。

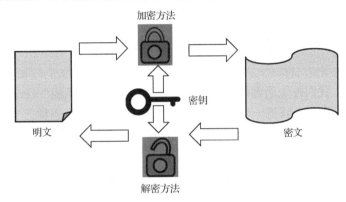

图 4-1　加密和解密原理

现代加密法分类包括对称密钥加密、非对称密钥加密、单向函数加密，如图 4-2 所示。

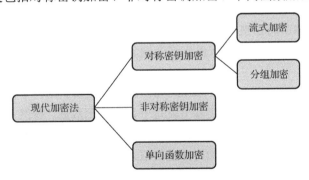

图 4-2　现代加密法分类

加密技术的合理运用可以产生以下作用。

（1）保密性：通过改变原始信息的数据构成，使得信息即使遭窃取、截获、泄露，也难以获取原始信息，从而达到保护信息内容安全的目的。

（2）完整性：敏锐发现信息内容发生的任何变化，如信息被篡改（或传输过程发生误码）、伪造，从而保障原始信息的"原封不动"。

（3）确权性：鉴别并确定信息的归属方，一方面可以用来证明信息的真正拥有者（所有权），另一方面也可用以判定信息来源，防止抵赖。

　　信息加密技术是一把"双刃剑"，既有防范自己的信息受到侵害的作用，又有投入成本上升、系统复杂性增大、信息传递延迟等副作用。同时，加密和破解永远是"矛尖还是盾固"的关系，一个在明处，另一个在暗处，即便采用最先进的信息加密技术，也达不到绝对的安全，安全始终具有相对性。

　　（1）计算相对性。普通计算机难以破译的密码，高性能计算机或许就能轻松攻破，因为难度实际上取决于计算能力；还有可能研究出一种数学方法，可以极大地降低计算工作量。

　　（2）时间相对性。目前很安全的密码，随着时间的推移，安全性会衰减，因为在攻击者持续不断地尝试下，被攻破的概率将逐步上升。

　　（3）价值相对性。信息的价值越高，受到攻击的可能性就越大；反之，假如破解成本远高于信息的价值，那么信息基本就是"高枕无忧"的。正因为如此，应避免过度运用加密技术，而是应该根据信息对象属性、应用场景等各种因素来设计合理的保密方案。

# 4.2　对称密钥加密和非对称密钥加密

非对称密钥加密的方法

　　接触到区块链，我们首先遇到的是"地址"（Address）与"私钥"（Private Key）的内容。当注册电子邮箱时，我们会获得一个邮箱地址和与之匹配的密码，也称之为口令（Password），以与私钥做区分。在公有链如比特币区块链上"注册"时，我们获得了地址和私钥。通过这一对地址与私钥，我们就可掌控地址中的数字资产比特币。在联盟链上"注册"时，我们类似地获得一对地址与私钥，用它们可以掌控链上的数字资产，如电子病历、身份证件、电子发票、股票、票据等。只要你的私钥不发生泄露，他人就无法获得你的数字资产。

　　在地址、私钥背后，这是区块链所采用的一项计算机密码学技术，即非对称密钥加密。计算机密码学中密码体系可分为两种：①对称密码体系，其特征是加密和解密采用的是同一个密钥。②非对称密码体系，其原理是采用一对密码（加密密钥和解密密钥），加密和解密采用的是不同的密钥。非对称密码也被称为公开密钥密码学，1976 年 Whitefield Diffie 和 Martin Hellman 在美国国家计算机会议上首次提出这个概念。

## 1. 对称密钥加密

　　对称密钥加密（Symmetric Key Cryptography），又称私钥加密、单钥加密，因同一个密钥既用于加密又用于解密而得名。密钥实际上就是一串二进制数据。既然对称加密方法的密钥也要用于解密，那么密钥一定要被妥善保护好、绝不示人，这是其称为私钥的原因。又由于密文的合法接收者也需要这个私钥，所以如何在通信双方间安全地分享密钥就显得非常重要。对称密钥加密是实现信息保密的主要手段，具有如下技术特点：①密钥是关键。现代加密技术的加密算法可以公布，加密代码也可以公开，只要保护好密钥，密文就是安全的。②密钥长度决定安全性。密钥越长则加密强度越大，因为穷举密钥几乎是尝试破解的唯一方式，那么密钥每增加 1 位，就可以给破解者的计算工作量增加 1 倍，密钥增加 1 字节，破解工作量就是原来的 256 倍，相当于原本 1 天就可破解，现在则需要将近 1 年的时间。③对称密钥加密被设计为具有很高的计算效率，可面向大量数据的加密技术，如文件、数据库、流媒体等，然而密钥的安全生成、安全分发、安全存储、安全使用需要较大的管理工作量。

　　对称密钥加密可分为流式加密和分组加密两大类，前者适用于流媒体应用，如在线播放音乐或视频，后者应用范围更广，适用于绝大多数需要数据加密的场合。常用的对称密钥加密技术有 BLOWFISH、TEA、DES、AES、IDEA、SM4.RC4 等。在比特币核心系统中并没有直接采用对称密钥加密技术，这应该与比特币提倡信息透明化有关，而且存储的信息也比较单一。但是在区块链扩展应用中，当需要对保存的私密信息进行保护时，对称密钥加密技术就有用武之地了。

加密时用了哪个密钥，解密时也必须用哪个，似乎就像锁定保险箱时使用了这把钥匙，打开保险箱时就一定要用同一把一样。然而这种"自然而然"的状况在 1976 年被 Diffie 和 Hellman 打破了，他们在《密码学新方向》中提出的技术颠覆了"一把钥匙开一把锁"的思维定式，开创了密码学的新领域。

### 2. 非对称密钥加密

非对称密钥加密（Asymmetric Key Cryptography）也称公开密钥加密或公钥加密、双密钥加密，其方法是使用一对密钥来加密和解密，其中一个是只有密钥拥有者自己掌握的、保密的私钥；另一个是通信过程中由其他方使用的、可以公开的公钥。公钥体制的优越性在于分离出两个相关的密钥，其中的公钥不需要保密，而私钥绝对不会在网络上传输，因此就不存在密钥泄露问题。公钥和私钥的使用规则如下。

用公钥加密的数据用且只能用对应的私钥解密。用私钥加密的数据用且只能用对应的公钥解密。假设 Alice 有一对密钥 priKeyA 和 pubKeyA，Bob 有 priKeyB 和 pubKeyB，他们需要在网络上传输信息。利用非对称密钥加密技术，Alice 和 Bob 有三种可选方法，如图 4-3 所示，获得的效果完全不同。

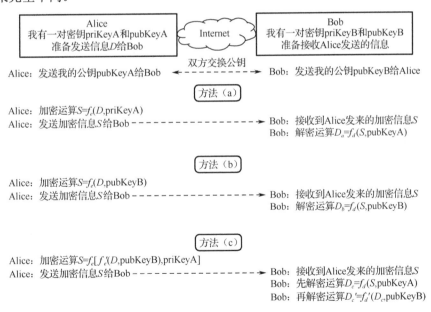

图 4-3 公钥加密的不同方法比较示意

（1）Alice 用自己的私钥 priKeyA 加密，可以确保信息是由其发出的，其他人没有私钥就无法假冒，同时 Alice 也不能否认其发送的信息，该过程具有确权性；但 Alice 用于解密的公钥 pubKeyA 是公开的，说明除 Bob 以外的其他人，也能获得公钥并能够解密，因此方法（a）不具有保密性。（2）Alice 用 Bob 的公钥 pubKeyB 加密，使得只有掌握私钥 priKeyB 的 Bob 才能解密，其他人则无法轻易解密，达到了保密的效果；但由于 Bob 的公钥是公开的，任何人都能进行加密发送，并不能指证该密文是 Alice 加密发出的，因此方法（b）不具有确权性。（3）方法（a）和方法（b）从安全效果上基本上是"互补"的关系，方法（c）就是对这两种方法的综合，既能确认发送者，又能保护信息的私密性。

Alice 和 Bob 探讨的就是公钥的安全发布问题，是公钥体系安全运行的前提条件。公钥不仅可以公开，而且是越公开越好，假如让自己的公钥变成"众所周知"，那么"中间人攻击"就没有空子可钻了。实际的网络系统中应建立严密、可靠的公钥传播机制，才能让需要者获取到真实可信的公钥。公钥加密的重要作用是信息验证。如图 4-4 所示，Bob 想公开自己的电子邮件地址，但又不希望被人恶意篡改，于是将名片信息用私钥加密后与名片一并发布，其他打算联络 Bob 的人就可以用 Bob 的公钥来验证，以确认这条信息真的是 Bob 发出的，以及电子邮件地址真的属于 Bob。

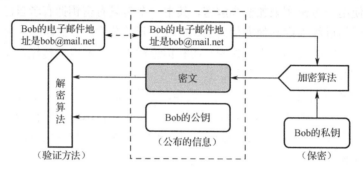

图 4-4　公钥加密应用示例

公钥加密的计算效率通常很低，甚至只有对称密钥加密方法的千分之一，因此不适合对大量的数据进行加密，一般用来加密会话密钥等短小数据。常用的公钥加密算法有 RSA、ElGamal 等。目前技术含量最高、安全性最强的是 ECC 算法，该算法在比特币系统中得到充分运用，实现了虚拟货币资产的匿名持有和支付验证。

## 4.3　数字签名

数字签名方法

在区块链中，一个用户同意某交易的证明是，他用私钥对交易进行了数字签名。在比特币白皮书中，中本聪有这样的表述："将电子货币定义为数字签名的一个链"。

### 1. 数字签名简介

比特币与以太坊采用的是同一种椭圆曲线数字签名算法（Elliptic Curve Digital Signature Algorithm，ECDSA），ECDSA 是用基于椭圆曲线的私钥/公钥对进行数字签名的算法。

一般来说，数字签名是对纸上签名的数字模拟：第一，只有我们自己签名，而他人可以进行验证。第二，我们的签名是不可伪造的。以比特币为例，数字签名的作用有如下三种。

（1）数字签名用来证明签名方是私钥的持有人，因此也就是对应比特币地址的所有者。

（2）用于证明这个"授权"是不可否认的。

（3）用于确保交易数据在经过签名之后，没有也不能被任何人修改。

维基百科对数字签名定义的三个特性是，"身份认证"、"不可否认"和"完整性"。数字签名是一种数学标准，用于证明某个数字消息或文档的真实性。一个合法的数字签名可以让接收方相信消息来自已知的发送方（身份认证），发送方不能否认发送过这个消息（不可否认），同时这个消息在传输过程中是无法被修改的（完整性）。

### 2. 数字签名技术原理

单向函数加密技术为各类信息提供了数字指纹，可以用于检验原始信息是否发生改变或是否为虚假信息。但是，数字指纹可以被替换，也无法说明信息的归属。所以，需要对原始信息的哈希运用对称密钥或非对称密钥算法进行加密，由此形成真正意义上的虚拟空间的数字签名，其具备防伪、溯源能力，与现实世界中的亲笔签名、按指纹印一样具有法律效应。如图 4-5 所示，一旦信息的哈希被实施了加密，首先只有密钥的拥有者才能创建数字签名，其次只有密钥的拥有者才能验证签名。尤其是数字签名的创建者具有唯一性，使攻击者无法在篡改或伪造信息后还能更改签名，同时签名者也无法否认信息来自自己。

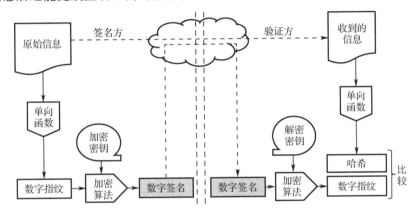

图 4-5 数字签名技术原理示意

从数字签名的技术原理可知：

（1）签名所使用加密密钥的私密性是重中之重。倘若泄露了密钥，签名就没有任何价值了，因为任何人都可以创建新的签名来冒签。

（2）签名需要验证，所以信息接收方需要验签的方法，以及用于验签的解密密钥。验签有三种应用场景。

- 自我验签。不需要透露解密密钥，自己掌握即可，一般只用于本地信息保护，不适用于网络系统。
- 对等验签。只需让信息接收方获得解密密钥，没必要告知其他无关的第三方，可设计专门的安全协议来实现密钥传播的范围最小化。
- 公开验签。任何人都可以进行验签，则需要将解密密钥予以公布。公开验签方式应用范围最广泛，实际上也是数字签名的价值所在，网络应用中大部分应用的安全性保障措施均基于此。

（3）验签的解密密钥来源应得到认定，必须能够证明密钥确实属于签名方，如果存在安全漏洞，攻击者可冒充签名方发布解密密钥，则验签结果就可想而知了。数字签名已在互联网领域的诸多方面发挥重要作用，如网站安全访问、虚拟专用网（VPN）、签名或加密电子邮件、软件防病毒、数字版权保护、股票交易认证、电子合同签章、无线通信用户身份鉴别等。

到这里，我们学习了和区块链相关的计算机密码学的第一组主要内容：非对称加密与数字签名。接下来，我们来讨论区块链的数据结构，以及与区块链相关的计算机密码学的第二组主要内容：哈希算法（Hash，也称散列算法、杂凑算法）。

# 4.4 哈希函数

哈希函数特点

比特币区块链组织数据的基本结构是使用哈希指针的链表。如图 4-6 所示，一个数据区块的主体部分是由多个交易按规则组成的数据，而每个区块的头部都有一个指向上一个区块的哈希指针。哈希指针除了像普通的指针一样告诉我们数据存储的位置，还包括上一个区块链的哈希值（即哈希函数的输出结果），通过哈希值和上一个区块数据对比，我们可判断上一区块的数据是否被篡改过。

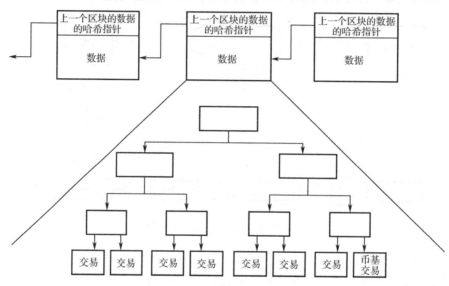

图 4-6　比特币区块和区块内的交易数据

一个区块内所包含交易的存储数据结构也用到了哈希函数，它是一种使用哈希指针的二叉树，也叫默克尔树（Merkle Tree），用其发明者拉尔夫·默克尔的名字命名。一个区块中所包含的交易两两分组，每组形成有两个哈希指针的数据结构，然后这些数据再两两分组，在其上再建立有两个哈希指针的数据结构，直到形成最上面的单一默尔克根。

所有的交易记录通过默克尔树的形式生成默克尔根，这个默克尔根作为一个字段，被存放在区块头当中。如果在交易记录中有任何改动，都会导致默克尔根的不一致。

默克尔树的一个重要特性是，它可以简洁、快速地实现隶属证明。也就是说，如果知道了一个交易，在采用默克尔树的数据存储结构中，我们很容易证明这个交易是否在这个默克尔树中，这里我们不再深入地讨论默克尔树等内容，而是继续看哈希函数的特点。

## 1. 哈希函数的特点

哈希函数也被称为单向哈希函数。我们输入任意大小的字符串，可以得到固定大小的输出值（哈希值），对比特币区块链来说，输出值是 256 位。

单向哈希函数并不是对数据进行加密，实际上我们无法从哈希值反推出输入的数据。它的作用是保证数据的完整性，对输入数据进行修改后，它的哈希值和已经存储的哈希值就对不上号，因此可以判断它被篡改了。

根据《区块链：技术驱动金融》中的讨论，哈希函数有以下三个特点。

（1）碰撞阻力。碰撞就是找到两个不同的输入，产生相同的输出。哈希函数的碰撞阻力特性使得我们当知道了一个哈希值时，要找出其输入值几乎是不可能的，在实践中使用的哈希函数都是被反复验证暂时具有碰撞阻力的函数。

（2）隐秘性。隐秘性指当我们知道哈希值时，无法反向推算出输入值。

（3）谜题友好。如果一个人想找到哈希值对应的输入值，除了在一个输入集合中进行搜索、逐一试算，别无他法，那么就可以说它是谜题友好的。比特币挖矿就用到了这个特性。创建一个新区块要调整区块头和币基交易中的两个随机数，让区块的哈希值小于目标值，比特币节点必须在庞大的数字中选择，然后一次次试算、比较区块的哈希值是否小于目标值，而没有其他捷径。这就意味着比特币节点的计算机要进行大量的计算，因为成功后可以获得生成新区块的区块奖励（最初一个区块可以获得 50 比特币），这种计算因而被称为挖矿。

### 2. SHA-256 哈希函数与比特币地址

比特币区块链采用的是安全哈希算法 256（Secure Hash Algorithm 256，SHA256），而以太坊采用的是 Keccak256 哈希函数，SHA256 属于 SHA-2 家族，而 Keccak256 属于 SHA-3 家族。

在有了私钥之后，我们通过椭圆乘法算法可以得到椭圆曲线上的一个点 pk(x,y)，x、y 组合得到公钥 K，再经过双重哈希计算后得到公钥散列，对之进行编码处理后，可得到比特币地址，如图 4-7 所示。在以太坊和其他的区块链系统中，采用了类似的处理逻辑。

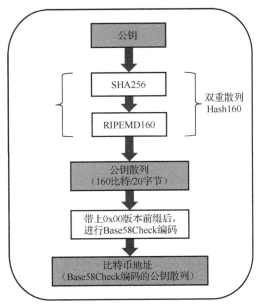

K，公钥A，地址散列，A=RIPEMD160（SHA256（K））

图 4-7　从公钥到比特币地址的转换

在进行 Base58Check 编码时也用到了哈希算法。总的来说，哈希函数计算是区块链运行中大量进行的基础计算。

### 3. 比特币挖矿中的哈希函数计算

由于比特币网络中分布在全球的节点要保持一致，就需要采用分布式共识算法。在比特币网络之前，分布式共识算法的主要机制需要通过技术来实现，而比特币网络的创新是通过技术和经济的融合来实现的，这种结合的方式就是比特币算力挖矿。比特币网络的共识机制算法是围绕工作量证明展开的，它包括以下三部分。

（1）前奏：区块奖励

记账节点有动力参与共识的达成，并保持诚实的动力就是区块奖励。比特币网络作为分布式系统，它的分布式共识不只取决于技术上的可靠性，更是受到经济激励（及惩罚）的规范。正因为比特币网络是一个电子现金系统，它才可以便利地引入经济激励机制。引入原生的经济激励（数量由内部确定、价格由外部确定）是所有公有链的共同特点。

（2）核心：工作量证明

一个节点生成的备选区块要能够添加在链的最后成为正式区块，其条件是区块的哈希值要小于目标值。

在组装完成备选区块后，矿工可以调整两个随机数来使得哈希值小于目标值，这两个随机数一个是区块头中的一个二进制 32 位随机数，另一个是铸币 Coinbase 交易中的随机数 Extra nonce。

哈希函数有这样一个主要特征，你想有意地选择一个输入去获得给定的哈希值是不可能的，因此，矿工只有调整这两个随机数，遍历所有可能性，逐一计算哈希值看结果是否小于目标值，才能最终试出一对可用的随机数组合，即区块头中的头部随机数 Nonce 与区块数据中第一笔交易 Coinbase 中的随机数 Extra nonce。

在挖矿过程中如果改变区块头中的随机数 Nonce 数值，只需要直接计算一次 SHA256 函数；但是如果想改变 Coinbase 中的随机数 Extra nonce，则整个默克尔树上交易的哈希值都会改变，包括默克尔根都需要重新计算，然后再计算一次 SHA256 函数，这样就导致改变 Nonce 的值与改变 Extra nonce 的值带来的计算量差异很大。

所以，矿工只有在遍历了 Nonce 的所有取值范围后，仍然未能成功的情况下才会去尝试改变 Coinbase 中的随机数 Extra nonce。这也正是这种共识算法被称为工作量证明的原因，工作量指哈希计算的工作量。

（3）后续：最长链原则

当一个矿工首先得到一对有效的随机数，以及合格的区块后，它会向全网广播。其他记账节点接收它的方式是，以这个区块作为既有的最后一个区块，在其后添加新区块。这是由最长链原则来规范的，在一个区块链中，拥有最多区块数的那条最长的链才是有效的。因此，其他节点的理性行为是在这最后一个区块后继续增加新的，这是因为在一个落后的链上增加的区块都是无效的。

要注意的是，实际上在某个具体时刻，如果几乎同时出现多个合格的区块，其他节点并不能确定跟着哪个区块后面会形成正式的链，通常需要一个小时的计算即 6 个区块之后，某个区块被更改的可能性降到无限接近零，它才会被认为是正式的区块。

## 4.5　钱包与密钥

### 1. 钱包、HD 钱包与助记词

钱包与密钥的关系

对于所有区块链来说，代表它上面一个"账户"的是一对非对称加密的密钥，即公钥与私钥。

对于普通用户来说，钱包就是管理你的私钥系统，相当于钥匙圈。一个私钥有 256 比特长，我们无法靠大脑记住它，因此，需要一些"系统"的协助，这就是钱包。各种区块链系统都有相应的钱包。

比特币钱包就是帮助用户存储和管理比特币的工具。比特币钱包用来存储多个比特币地址，以及每个比特币地址所对应的独立私钥。比特币钱包分为三种：软件钱包、硬件钱包和纸钱包。我们也可以根据工作机制将它们分为热钱包或冷钱包。

随着拥有的区块链地址越来越多，管理它们成了很大的负担。我们希望能够有一个总的钥匙来进行管理，这就是层级式确定性钱包（Hierarchical Deterministic，HD）。它是比特币 BIP-32.BIP-44 标准所规范的。

从技术原理上，根据钱包所保持的密钥之间是否存在关联，分成以下两类。

（1）非确定性钱包（随机钱包）。其中保存的每一个私钥都是通过不同的随机数相互独立生成的，私钥之间没有任何关联。

（2）确定性钱包（种子密钥钱包）。其中所有的密钥都是由一个主密钥（种子密钥）衍生而来的，其中保存的私钥有关联关系。如果获得了种子密钥，则可以重新生成所有密钥。

HD 钱包是最常用的一种确定性钱包，它的密钥派生是一种树形结构。现在 HD 钱包是事实性的行业标准。

HD 钱包除遵循比特币 BIP-32.BIP-44 标准外，还有以下相关标准。

（1）BIP-32：层级式确定性钱包标准。

（2）BIP-39：助记词标准。

（3）BIP-44：多币种和多账户钱包。

在使用 HD 钱包时，我们需要输入种子密钥来使用这个钱包，但密钥是一串十六进制数的数字，很难记忆和输入。BIP-39 形成的助记词标准可以帮我们更方便地输入密钥、在纸上记录等。十六进制数的种子密钥和它对应的助记词如下。

● 种子密钥：0C1E24E5917779D297E14D45F14E1A1A。

● 对应的助记词：

army van defense carry jealous true。

garbage claim echo media make crunch。

**2. 区块链浏览器和交易信息**

每个区块链网络都有对应的区块链浏览器，使我们可以通过 Web 网页的形式查看区块信息、交易信息。

一个常用的比特币区块链浏览器是 explorer.Bitcoin.com，可以用来分别查看一个区块信息和一个交易信息，如图 4-8 和图 4-9 所示。

在 2020 年 6 月 7 日，第 633554 个区块诞生了，它由蚂蚁矿池（AntPool）挖出，其获得了 6.25 个比特币奖励。这个区块的大小为 386KB，包括 886 个转账交易（Transaction）。区块头中的随机数是 2462424425。通过区块浏览器，可以看到默克尔树根、难度值、币基交易（Coinbase Transaction）等更多信息。

下面再来看看这个区块中包括的一笔交易（除了币基交易外）。

这笔交易的输入地址是 38tVVGVgmbQ2SHHkCxBg8FKvdW8AiZnPGo，输入的比特币金额是 1.39065324 BTC。

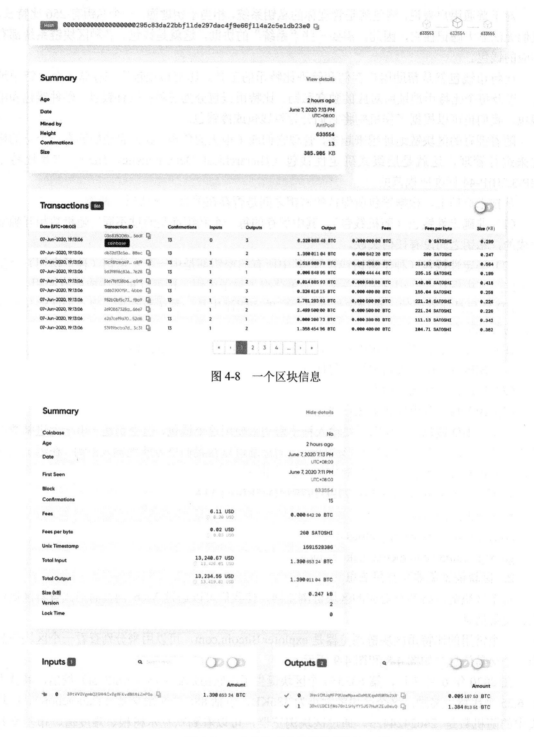

图 4-8　一个区块信息

图 4-9　一个比特币交易的信息

这笔交易的输出地址有两个：

3HniCMJqMFP9UowMpaaDeMUKqwN5WRb2XR，输出值是 0.00519753 BTC。

3DxUiDE1fWo78n15HyYY5J57HuKZEu6mvQ，输出值是 1.38481351 BTC。

两个输出值之和比输入值少了 0.00064220 BTC，这部分比特币作为交易费支付给了生成

这个区块的比特币节点。也就是说，为了完成这笔交易，交易发起方付出了当时价值约 6.11 USD
的比特币形式的交易费。

通过区块链浏览器还可以查看更多信息，如与这笔交易输入地址的相关信息，如图 4-10
所示。

图 4-10　一个比特币地址的信息

可以看到，这个地址只发生过两笔交易，它先通过一笔交易获得了 1.39065324BTC，然后
又将这些比特币转账给了其他人。

在以太坊区块链中，我们通过区块链浏览器就可以看到区块、交易、地址的相关信息。

在以太坊区块链中，一个智能合约也拥有一个地址，称为合约账户（Contract Account）。
一个智能合约地址的信息，如图 4-11 所示。

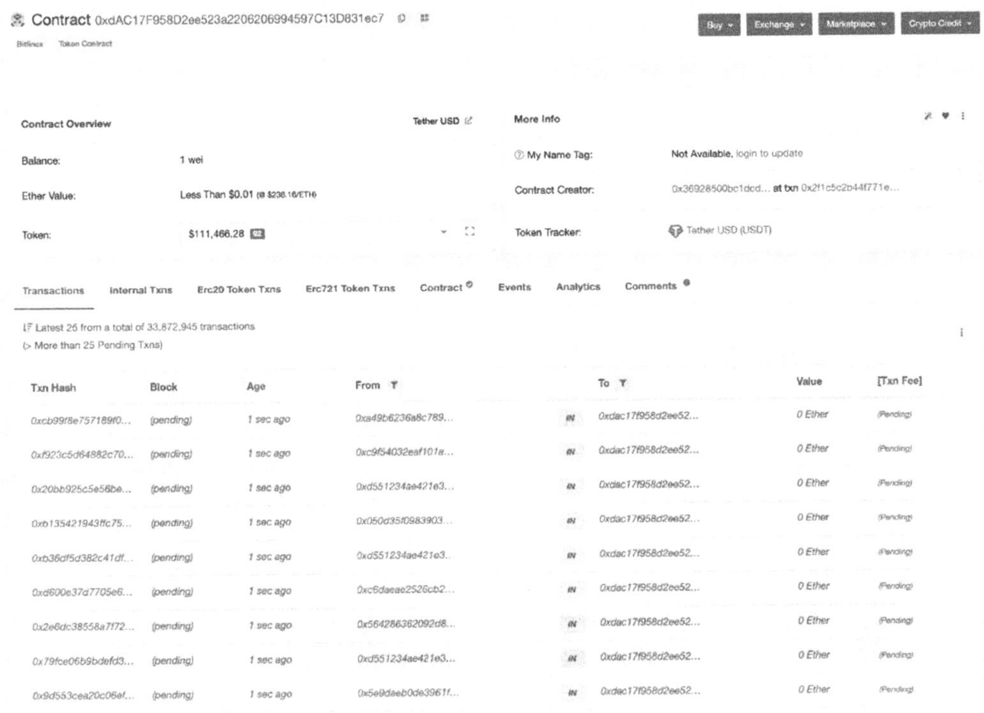

图 4-11　智能合约地址

图中显示的是稳定币 USDT（泰达币）的智能合约地址，从中可以看到其最近的交易。通过区块链浏览器，我们还可以看到提交与验证过的智能合约代码，如图 4-12 所示。

```
Contract Source Code (Solidity)                                    Outline ▾  More Options ▾  □  []

1 ▾ /**
2     *Submitted for verification at Etherscan.io on 2017-11-28
3     */
4
5   pragma solidity ^0.4.17;
6
7 ▾ /**
8     * @title SafeMath
9     * @dev Math operations with safety checks that throw on error
10    */
11 ▾ library SafeMath {
12        function mul(uint256 a, uint256 b) internal pure returns (uint256) {
13            if (a == 0) {
14                return 0;
15            }
16            uint256 c = a * b;
17            assert(c / a == b);
18            return c;
19        }
20
21        function div(uint256 a, uint256 b) internal pure returns (uint256) {
22            // assert(b > 0); // Solidity automatically throws when dividing by 0
23            uint256 c = a / b;
24            // assert(a == b * c + a % b); // There is no case in which this doesn't hold
25            return c;
```

图 4-12　智能合约的 Solidity 代码

➡ 学习项目

## 4.6　项目　不同加密算法的实现

区块链中的交易都是一个个独立的数据，这些数据是如何高效保存和查询的呢？利用 Hash 算法和 Merkle Tree，就可以将数据高效组织在一起。Merkle Tree 最上端的 Merkle Root 就可以保证这些数据不被篡改，并且可以利用生成路径上的 Hash 值来判断某一个数据是否属于这个 Merkle Tree。

### 4.6.1　任务 1　Python 环境部署

为了使用 Python 完成不同加密算法的编程任务，本任务主要是学习搭建 Python 编程环境。

**搭建 Python 编程环境**

进入 Python 官方网站，下载 Python。

单击 Downloads→Windows 从而选择要安装的版本，进入 Python3.8 下载页面之后，选择 Windows 的版本，如图 4-13 和图 4-14 所示。

图 4-13　Python 下载

- Python 3.8.2 - Feb. 24, 2020

**Note that Python 3.8.2 *cannot* be used on Windows XP or earlier.**

- Download Windows help file
- Download Windows x86-64 embeddable zip file
- Download Windows x86-64 executable installer
- Download Windows x86-64 web-based installer
- Download Windows x86 embeddable zip file
- Download Windows x86 executable installer
- Download Windows x86 web-based installer

图 4-14　选择正确的 Python 版本

双击下载完成的安装包，首先勾选"Add Python 3.8 to PATH"复选框，再选择"Install Now"选项，如图 4-15 所示。

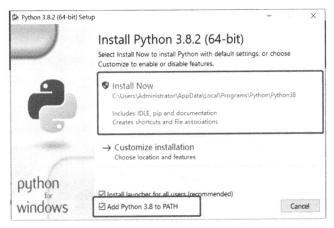

图 4-15　勾选 Add Python 3.8 to PATH

检验是否安装成功。单击 Windows 的查找功能输入"cmd"，打开图 4-16 中的命令提示符窗口，输入"python"，如果显示 Python 版本号等信息则证明安装成功，关闭命令提示符窗口。

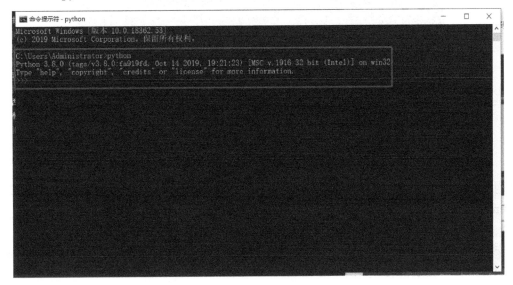

图 4-16　验证 Python 是否安装成功

下载实验要使用的 IDE——Sublime Text 链接，如图 4-17 所示。

图 4-17　Sublime Text 下载界面

安装 Sublime Text，并打开，如图 4-18 所示。

图 4-18　Sublime Text 页面

为 Sublime Text 安装中文。选择"Tools"→"Install Package Control"选项后，再选择"Preferences"→"Package Control"选项，输入"ip"并选择第一项，如图 4-19 所示。在图 4-20 中输入"clz"，选择第一项，稍等片刻就会自动设置成中文，如图 4-21 所示。

安装 Pycryptodome 第三方库。需要再次打开命令提示符窗口，输入"pip3 install pycryptodome"，完成安装，如图 4-22 所示。

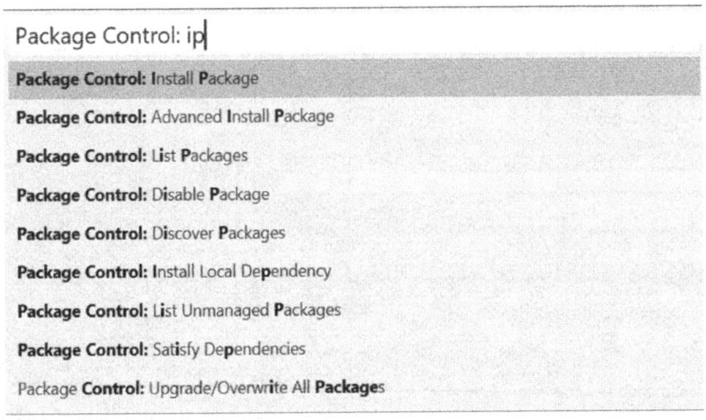

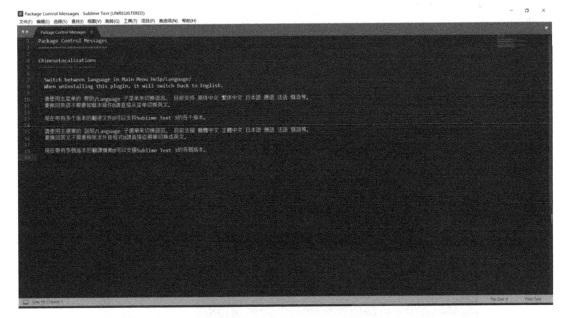

图 4-19　输入 "ip"

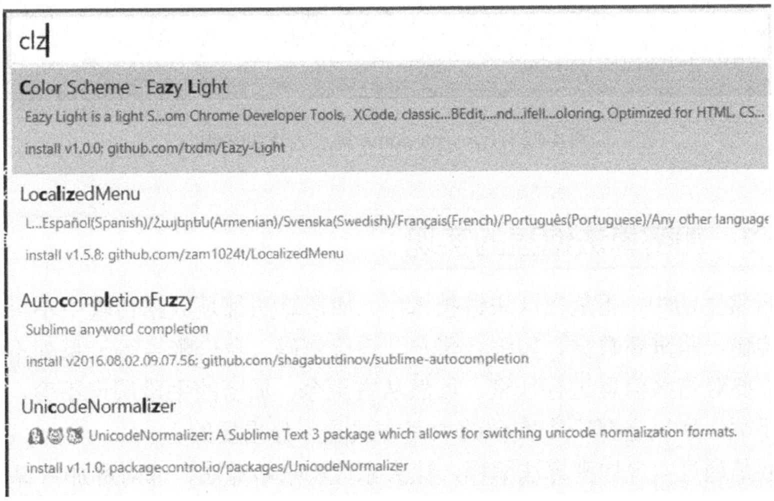

图 4-20　输入 "clz"

图 4-21　Sublime Text 中文显示

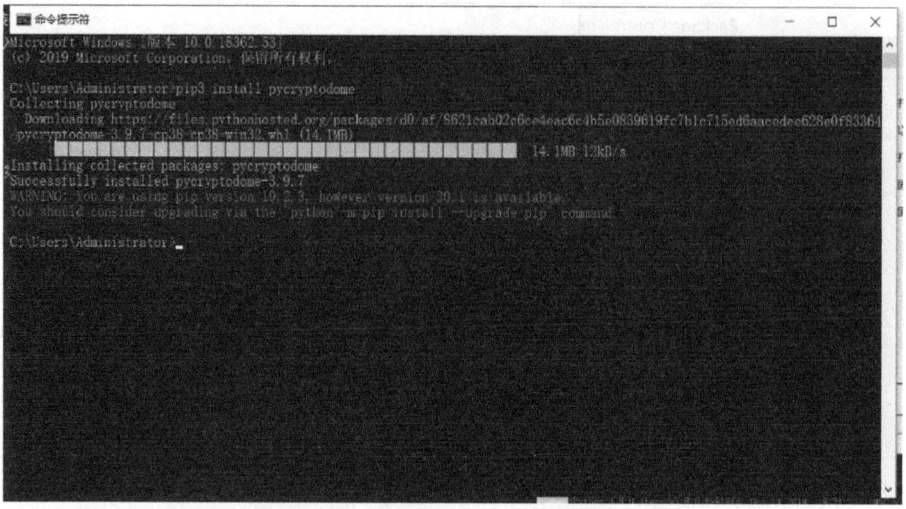

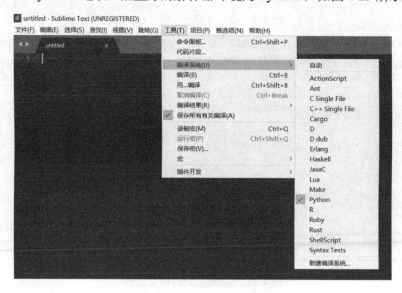

图 4-22　Pycryptodome 第三方库的安装

## 4.6.2　任务 2　加密算法编程的实现

无论是在日常生活中，还是在区块链技术中，加密算法都是数据传输中不可或缺的一种技术。当我们想传输一些重要数据，如银行账户、银行密码、身份账号等一系列不想被外人所知的信息时，就需要对这些信息进行加密。虽然从古至今，加密的手段层出不穷，但是破解加密的手段也应接不暇，所以选择一个安全的加密方式是十分重要的。

本任务主要是通过实现加密算法编程，让大家理解哈希算法、非对称加密算法等常见加/解密算法的概念，了解并掌握 Base64、MD5、DES、AES、RSA 等加/解密的算法。

### 1. Base64 算法编程的实现

选择"文件"→"新建文件"选项，新建一个文件（现在不用命名），再选择"工具"→"编译系统"→"Python"选项，配置好的解释器环境为 Python3，如图 4-23 所示。

图 4-23　配置 Python 编程环境

加密一般都是针对二进制编码格式的，所以在 Python 中，我们要使用 Bytes 这种 Python 二进制格式作为明文的格式，否则 Python 函数接收其他格式输入就会报错。尝试先使用 Encode 函数将 UTF-8 格式转化为二进制，再使用 Decode 函数将二进制转换为 UTF-8。在 text.py 中输入下面的代码后，选择"工具"→"编译"→"Python"选项进行运行。

```
print('密码学第一题'.encode())
print(b'\xe5\xaf\x86\xe7\xa0\x81\xe5\xad\xa6\xe7\xac\xac\xe4\xb8\x80\xe9\xa2\x98'.decode())
```

运行结果如图 4-24 所示。

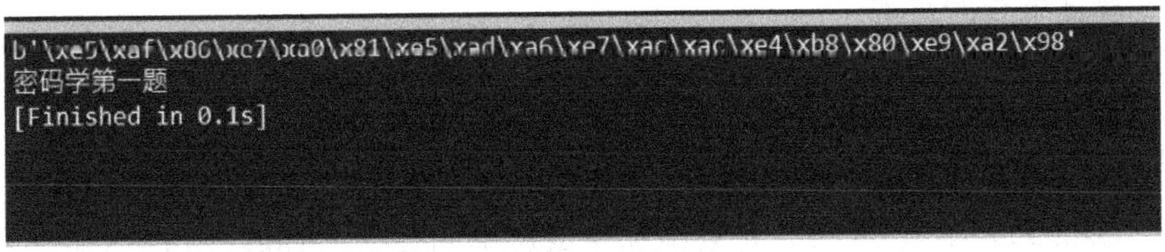

图 4-24　运行结果

Base64 编码是密码学的基石，可以将任意的仅包含 ASCII 编码的字符串，或者二进制编码转化为只用 65 个字符就能表示的文本文件（A-Z, a-z, 0-9, + / =）。Base64 编码后的长度会增长约三分之一。Python 使用了内置的 Base64 包进行 Base64 编解码，其输入如下代码，并进行编译。

```
import base64
print(base64.b64encode(b'This is an example of how to use Base64'))
print(base64.b64decode(b'VGhpcyBpcyBhbiBleGFtcGxlIG9mIGhvdyB0byB1c2UgQmFzZTY0'))
```

其中，第二行是对这句话进行加密，第三行是对其乱码进行解密，如图 4-25 所示。

图 4-25　加/解密界面

## 2. MD5 加密算法编程的实现

Message Digest Algorithm 5（信息摘要算法）就是指"MD5 加密"。MD5 可以将一个字符串、文件、压缩包转化成一个固定长度为 128 比特的字符串，这个字符串从概率上来讲是近乎唯一的，其输入如下代码，并进行编译。

```
import hashlib
#明文信息
str = 'This is a plain text.'

#创建 MD5 对象
hl = hashlib.md5()

hl.update(str.encode(encoding='utf-8'))

print('MD5 加密前为:' + str)
```

```
#使用十六进制输出信息摘要
print('MD5 加密后为:' + hl.hexdigest())
```

运行结果如图 4-26 所示。

```
MD5加密前为:This is a plain text.
MD5加密后为:b7f7713fbb4aecad1b12f0e166592601
[Finished in 0.3s]
```

图 4-26　加密前后结果

### 3. DES 算法编程的实现

DES 算法为密码体制中的对称密码体制，又称为美国数据加密标准。DES 是一个分组加密算法，典型的 DES 以 64 位为分组对数据加密，其加密和解密用的是同一种算法。

DES 算法有三个入口参数：Key、Data、Mode，其中 Key 为 7 字节共 56 位，是 DES 算法的工作密钥；Data 为 8 字节 64 位，是要被加密或解密的数据；Mode 为 DES 的工作方式，即加密或解密。密钥长为 64 位，有 56 位参与 DES 运算（第 8、16、24、32、40、48、56、64位是校验位，使每个密钥都有奇数个 1），分组后的明文组和 56 位的密钥按位替代或交换的方法形成密文组。

输入代码，并编译。

```
#导入 DES 模块
from Crypto.Cipher import DES
import binascii
# 密钥
key = b'12345678'
# 生成一个 DES 对象
des = DES.new(key, DES.MODE_ECB)
# 明文
text = 'python3'
text = text + (8 - (len(text) % 8)) * '='
# 加密过程
encrypto_text = des.encrypt(text.encode())
# 转化为十六进制
encrypto_text = binascii.b2a_hex(encrypto_text)
print(encrypto_text)
```

```
b'67e234cb6a0e17d9'
[Finished in 0.4s]
```

图 4-27　DES 算法的运行结果

运行结果如图 4-27 所示。

### 4. AES 算法编程的实现

高级加密标准（Advanced Encryption Standard，AES）在密码学中又称 Rijndael 加密法，它是美国联邦政府采用的一种区块加密标准。这个标准用来替代原先的 DES，已经被多方分析且广为使用。经过 5 年的甄选流程，高级加密标准由美国国家标准与技术研究院（NIST）于 2001 年 11 月 26 日发布，并在 2002年 5 月 26 日成为有效的标准。2006 年，高级加密标准已然成为对称密钥加密中最流行的算法之一。AES 在软件和硬件上都能快速地加/解密，相对来说较易于操作，作为一个新的加密标准，正被应用到更广大的范围。AES 为分组密码，即把明文分成一组一组的，每组长度相等，每次加密一组数据，直到加密完整个明文。在 AES 中，分组长度只能是 128 位，也就是说，每个分组为 16 字节（每字节为 8 位）。密钥的长度可以使用 128 位、192 位或 256 位。密钥的长度不同，推荐加密轮数也不同，一般常用的是 128 位。

输入代码，并编译。

```
from Crypto.Cipher import AES
from Crypto import Random
from binascii import b2a_hex
# 要加密的明文
data = 'python3'
# 密钥 Key 长度必须为字节 16、24 或 32
key = b'this is a 16 key'
# 生成长度等于 AES 块大小的、不可重复的密钥向量
iv = Random.new().read(AES.block_size)

# 将 Key 和 iv 初始化 AES 对象，并使用 MODE_CFB 模式
mycipher = AES.new(key, AES.MODE_CFB, iv)
# 加密的明文长度必须为 16 的倍数
# 将 iv(密钥向量)加到加密密文的开头，一起传输
ciphertext = iv + mycipher.encrypt(data.encode())

# 解密时要用 Key 和 iv 生成新的 AES 对象
mydecrypt = AES.new(key, AES.MODE_CFB, ciphertext[:16])
# 使用新生成的 AES 对象，将加密的密文解密
decrypttext = mydecrypt.decrypt(ciphertext[16:])

print('密钥 k 为: ',key)
print('iv 为: ', b2a_hex(ciphertext)[:16])
print('加密后数据为: ', b2a_hex(ciphertext)[16:])
print('解密数据为: ', decrypttext.decode())
```

运行结果如图 4-28 所示。

### 5. RSA 算法编程的实现

RSA 是一种非对称加密算法，在公开密钥加密和电子商业中被广泛使用。该算法基于当时一个十分简单的数论事实：将两个大素数相乘十分容易，但对其乘积进行因式

图 4-28　AES 算法的运行结果

分解却极其困难，因此可以将乘积公开作为加密密钥，即公钥，而将两个大素数组合成私钥。公钥可发布给任何人使用，私钥则为自己所有，供解密之用，如 RSA 等。常见方法是，使用 Openssl、Keytools 等工具生成一对公/私钥对，被公钥加密的数据可以使用私钥来解密，反之亦然（被私钥加密的数据也可以被公钥解密）。

在实际使用中私钥一般保存在发布者手中，是私有的不对外公开的，只将公钥对外公布，这样就能实现只有私钥持有者才能将数据解密。这种加密方式安全系数很高，因为它不用将解密的密钥进行传递，从而没有密钥在传递过程中被截获的风险，且破解密文几乎又是不可能的。但是该算法的效率低，所以常用于对很重要数据的加密，常和对称配合使用，即使用非对称加密的密钥去加密对称加密的密钥。

首先使用命令行：pip3 install rsa 来安装 RSA 库。输入代码，并编译。

```
import rsa
import binascii

# 使用网页中获得的 n 和 e 值，将进行明文加密
def rsa_encrypt(rsa_n, rsa_e, message):
    # 用 n 值和 e 值生成公钥
    key = rsa.PublicKey(rsa_n, rsa_e)
    # 用公钥把明文加密
    message = rsa.encrypt(message.encode(), key)
    # 转化成常用的可读性高的十六进制数
    message = binascii.b2a_hex(message)
    # 将加密结果转化成字符串并返回
    return message.decode()

# RSA 的公钥有两个值 n 和 e
# n 常为长度是 256 的十六进制数字符串
# e 常为十六进制数'10001'
pubkey_n =
'8d7e6949d411ce14d7d233d7160f5b2cc753930caba4d5ad24f923a505253b9c39b09a059732250e56c594d735077cfcb
0c3508e9f544f101bdf7e97fe1b0d97f273468264b8b24caaa2a90cd9708a417c51cf8ba35444d37c514a0490441a773ccb
121034f29748763c6c4f76eb0303559c57071fd89234d140c8bb965f9725'
    pubkey_e = '10001'
    # 需要将十六进制数转换成十进制数
    rsa_n = int(pubkey_n, 16)
    rsa_e = int(pubkey_e, 16)
    # 要加密的明文
    message = 'Are you OK'

print("公钥 n 值长度:", len(pubkey_n))
print(rsa_encrypt(rsa_n, rsa_e, message))
```

运行结果如图 4-29 所示。

图 4-29　RSA 算法的运行结果

# 本章习题

## 一、填空题
计算机密码学的体系主要有对称密钥加密和_____。

## 二、单项选择题
1. 选出不正确的选项（　　　）。

A. 由私钥可以计算公钥　　　　　　　　　　B. 由私钥可以计算地址

C. 由公钥可以计算地址　　　　　　　　　　D. 由公钥可以计算私钥

2．比特币区块链使用的哈希函数是（　　　）。

A．SHA-3

B．Keccak-256

C．SHA-256

D．SHA-2

3．为获得一个区块的记账权，可以调整几个随机数（　　　）。

A．1

B．2

C．3

D．非常多

4．以下哪个不是哈希函数的特点（　　　）。

A．碰撞阻力

B．隐秘性

C．谜题友好

D．不可否认性

**三、思考题**

在区块链中，为什么在一些情况下可以不需要认证机构 CA？如果不需要认证机构 CA 会带来什么好处？

# 第 5 章

# P2P 网络在区块链中的应用

&lt;&lt;&lt;&lt;&lt;

## 学习目标

◆ 理解 P2P 网络
◆ 掌握 P2P 网络技术与原理
◆ 掌握分布式哈希表
◆ 掌握 Kademlia 技术
◆ 掌握 Gossip 协议
◆ 理解比特币节点类型和角色

## 引导案例

传统的中心化网络一直以来占据主导地位，随着中心化网络弊端的逐渐显现，P2P 网络越来越被人们接受并使用。P2P 网络是一种去中心化的网络架构，通过点对点的通信来降低对中心节点的依赖，从整体上减少各个节点的处理压力。在比特币、以太坊等典型区块链应用中，P2P 网络单独作为一个网络层占据了举足轻重的地位。

## 相关知识

## 5.1 P2P 网络技术架构

P2P 网络概念与特点

### 5.1.1 P2P 网络概念

P2P 网络（Peer-to-Peer Network）即对等网络、点对点网络，是一种无中心服务器、依靠对等节点（Peers）交换信息的计算机网络，如图 5-1 所示。在 P2P 网络中没有中心服务器，对等节点之间平权。每个对等节点既是一个请求服务的客户端（Client），也是一个提供服务的服务器端（Server）。

与现在比较流行的中心服务器网络（C/S 模式或 B/S 模式）不同，P2P 网络中没有特殊的中心节点。在图 5-2 所示的中心服务器网络中，只要摧毁服务器，网络中的客户端就不能再请求服务，整个网络便不可用。而 P2P 网络中任意一个对等节点的不可用都不会影响其他对等节点间的信息传递，这个特点对区块链的网络十分关键。

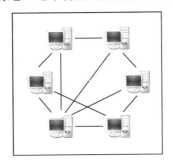
图 5-1　P2P 网络

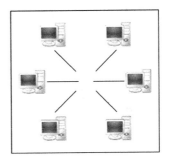
图 5-2　中心服务器网络

## 5.1.2　P2P 网络技术架构

P2P 主要存在 4 种不同的网络模型，也代表着 P2P 网络技术发展的不同阶段：集中式、分布式、混合式和结构化模型。

集中式是最简单的路由方式，如图 5-3 所示，即存在一个中心节点保存了其他所有节点的索引信息，索引信息一般包括节点 IP 地址、端口、节点资源等。集中式路由的优点就是结构简单、实现容易，但其缺点也很明显，由于中心节点需要存储所有节点的路由信息，当节点规模扩展时，就很容易出现性能瓶颈，而且也存在单点故障问题。

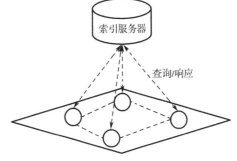
图 5-3　P2P 网络集中式结构

分布式移除了中心节点，在 P2P 节点之间建立随机网络，就是在一个新加入节点和 P2P 网络中的某个节点间随机建立连接通道，从而形成一个随机拓扑结构，如图 5-4 所示。新节点加入该网络的实现方法也有很多种，最简单的就是随机选择一个已经存在的节点，并建立邻居关系。例如，比特币使用 DNS 的方式来查询其他节点，DNS 一般是硬编码到代码里的，这些 DNS 服务器就会提供比特币节点的 IP 地址列表，从而新节点就可以找到其他节点建立连接通道。新节点与邻居节点建立连接后，还需要进行全网广播，让整个网络都知道该节点的存在。

混合式混合了集中式和分布式的结构，如图 5-5 所示。网络中存在多个超级节点组成的分布式网络，而每个超级节点都有多个普通节点与它组成局部的集中式网络。一个新的普通节点加入，需要先选择一个超级节点进行通信，该超级节点再推送其他超级节点列表给新加入节点，加入节点后再根据列表中的超级节点状态决定将哪个具体的超级节点作为父节点。

结构化模型与分布式结构不同。它将所有节点按照某种结构进行有序组织，如形成一个环状网络或树状网络。结构化模型的具体实现主要基于 DHT（Distributed Hash Table，分布式哈希表）思想，需要解决如何在分布式环境下快速而又准确地进行路由和定位数据的问题。

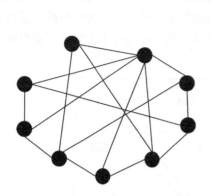

图 5-4　P2P 网络分布式结构

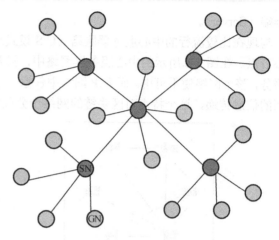

图 5-5　P2P 网络混合式结构

### 5.1.3　P2P 网络研究现状

　　P2P 网络使用户可以直接连接其他用户的计算机、交换文件，而不用连到服务器去浏览与下载。

　　目前，P2P 网络技术主要研究方向包括文件交换、对等计算、搜索引擎、协同工作和即时通信等，此外，还有对 P2P 网络开发平台及安全问题等方面的研究。

　　早期 P2P 网络技术研究提出 4 种不同的系统架构，以及通过节点选择并传输调度算法、应用系统，采用直觉逻辑推理和试探性设计，近年来该技术的相关研究主要试图解决 P2P 网络应用系统服务性能、系统性能及资源开销的问题。

## 5.2　P2P 网络核心技术

P2P 网络核心技术

　　P2P 网络核心技术包括分布式哈希表、Kademlia 协议和 Gossip 协议。

### 5.2.1　分布式哈希表

　　第三代 P2P 网络使用 DHT（Distributed Hash Table，分布式哈希表）在网络中存储并组织信息，能够提高网络的搜索效率，是现在许多 P2P 网络应用采用的技术。下面将对分布式哈希表进行介绍。

　　理解分布式哈希表之前，我们先看看哈希表。哈希表是一种常用的数据结构，其存储的数据有键（Key）和值（Value）两部分。它利用哈希函数将键映射到一个存储位置来访问记录，查询的时间复杂度可以达到 O(1)。

　　如图 5-6 所示，键为人名，值为 Bucket 中的电话号码，可以看作一个长度为 16 的数组。人名通过哈希函数转换为数字，数字作为 Bucket 数组的下标，对应的数组空间用来存储电话号码，最终构成了一个简单的哈希表。

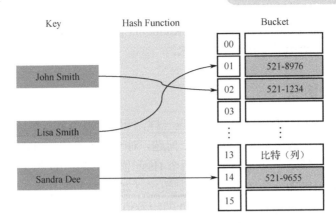

图 5-6　哈希表示例

分布式哈希表存储的键值对数据并不仅存在于一台计算机中，还分布在不同的节点（计算机）中，如图 5-7 所示。

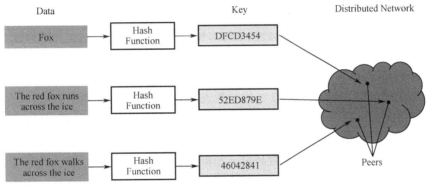

图 5-7　分布式哈希表示例

数据被哈希之后会得到一个哈希值作为数据的唯一标识，然后将这个哈希值根据某种规则和网络中的某个节点关联起来，数据就存放在这个节点中。不同的数据由于被哈希后的值不同，会被存储到不同的节点上。因此，每个节点都只存储了整体数据的一部分，所有节点一起才能构成了一个"分布式数据库"。在网络中查询数据时，只要知道数据的哈希值，再根据特定的路由规则和存放数据的规则，就可以获得相应的节点，最终从节点中获取到查询的数据。

分布式哈希表有以下三个特性。

（1）离散性：构成系统的节点并没有任何中央式的协调机制，做到了完全的去中心化。

（2）伸缩性：即使有成千上万个节点，系统仍然十分有效。加入的节点越多，网络可以提供的服务能力越强。

（3）容错性：即使节点不断地加入、离开或是停止工作，系统仍能达到一定的可靠性。

以上三种特性对于完全去中心化的 P2P 网络构建十分重要，因此采用分布式哈希表是实现 P2P 网络的首选方案。

2001 年，内容寻址网络（Content Addressable Network，CAN）、Chord（Chord project）、Pastry（DHT）和 Tapestry（DHT）4 种分布式哈希表技术被研发出来，推动了分布式哈希表在 P2P 网络领域的发展。2002 年，Petar Maymounkov 和 David Mazières 设计出 Kademlia 协议。相比于前 4 种分布式哈希表协议，Kademlia 协议采用的数据结构简单、路由方式实现起来更灵活，具有比较好的性能，并且安全性也较强。Kademlia 协议在各种哈希表实现中具有很强的竞争力，成为分布式哈希表中被采用最多的技术。

## 5.2.2 Kademlia 协议

Kademlia 协议和其他分布式哈希表的实现一样，网络中每个节点都只知道部分的信息，即部分文件保存的位置。那么这里就产生了一个问题，对于某个具体的节点它应该知道哪些文件的存储位置呢？为了解决这个问题，引入了两个 Hash 值，即节点 ID 和文件的哈希值。节点 ID 是节点的唯一标识，范围为一个 160 位二进制数字（20 字节）的空间，如可用不同的方式对节点某部分的独特信息进行哈希来得到；文件的哈希值范围也是一个 160 位二进制数字的空间，通常可以对文件内容进行哈希来得到。

可以规定这样一个规则：如果一个文件计算出一个哈希值，则 ID 和这个哈希值相同或接近的节点就要知道从哪里下载这个文件。有了这个规则后，就把文件和某些节点联系在了一起，存储和搜寻文件时就可以根据文件哈希来在网络中寻找响应的节点。

规则中表明节点 ID 和文件哈希值要相同或相近，在网络路由时也需要比较两个节点 ID 之间是否接近，那么如何来衡量它们是否接近呢？Kademlia 协议中采用了异或算法（XOR）作为距离算法来衡量两个 ID 的远近。为了便于理解，这里把 160 位的空间减小到 8 位来举例说明。在比较两个 ID 时，首先把字符串的哈希值变为二进制数表示。这里假设节点 A 的 ID 二进制数表示为 01010101，节点 B 的 ID 二进制数表示为 01000000，将两个 ID 进行异或运算（对应位置的 0、1 进行异或），结果为 00010101，转化为十进制数为 25。也就是说，这两个 ID 的距离用十进制数表示为 25。同理，如果 ID 分别为 01010101 和 01010000，则距离为 5。从中也可以看出，如果两个 ID 的二进制数高位（左侧）不同则距离更远，总的距离等于所有不同位的距离之和，即两个 ID 二进制数之间的异或结果（异或是一种逻辑运算，体现为"相同为否，相异为真"，如 0 和 1、1 和 0 进行异或的结果为 1，0 和 0、1 和 1 异或的结果为 0）。

两个 ID 的距离与 ID 的二进制数表示有关，而 ID 是随机选取的 160 位"01 串"，所以两个 ID 的距离与两个节点的网络位置、地理位置无关。回顾一下，Kademlia 协议中文件和节点都有一个 160 位的唯一标识，其中规定与文件的哈希值相同或接近的节点要知道文件存储的位置。而衡量"是否接近"是通过将两个标识进行异或运算得出的，其结果越大表明离得越远。

在了解 Kademlia 协议中的距离算法后，接下来的问题是，网络中用一个文件的哈希值进行搜寻时，如何得到这个文件的存储位置信息的呢？这也被称为 Kademlia 的路由机制。

理解 Kademlia 的路由机制，可以从 Kademlia 协议中 k-bucket（k-桶）出发。k-桶是 Kademlia 论文中提出的一个概念，一个节点会有多个 k-桶，不同 k-桶的区别在于离这个节点的距离不同，每个 k-桶中都存放了离节点在某个距离范围内的其他已知节点。为了便于理解，这里假设有一个节点 A，其 ID 为 10101010 称为 ID A，我们根据规则来为节点 A"摆放"k-桶。

首先从 ID A 的最低位开始，假设有一类 ID 它们除了最低位，其他位都和 ID A 相同。根据二进制数的性质，可以明显得出这类 ID 只有一个 10101011，它和 ID A 的异或距离为 1。将它放入节点 A 的"k-bucket 1"。再假设有一类 ID 与 ID A 在倒数第 1 位和倒数第 2 位上不同，这样的 ID 只有两个为 10101000 和 10101001，异或距离分别为 2 和 3，将其放入"k-bucket 2"中，同理，如果一类 ID 和 ID A 从倒数第 3 位开始往右不同，则有 4 个，异或距离为 4、5、6、7，将其放入"k-bucket 3"中。

将上述例子一般化可以得到规则：对于一个 ID A，从倒数第 i 位开始不同（左侧位数的数字相同），这样的节点存在 $2^{(i-1)}$ 个，它们与 ID 的距离范围为 $[2^{(i-1)}, 2^i)$（不包含 $2^i$），可以将其放入节点 A 的"k-bucket i"中。简单来讲，只要从倒数第 i 位往右开始出现不同，就放入"k-bucket i"中。因为在 Kademlia 协议中 ID 为 160 位的随机空间（160 位的二进制数），所以一个节点理论上有 160 个 k-桶，每个 k-桶都存放在不同异或距离范围的节点中。

k-桶例中的 k 代表什么呢？从 k-桶的规则来看，离节点距离越远，其相应范围内的节点就越多。例如，若左侧数第 1 位（倒数最后 1 位，即 i 为 160）就不同，那么就会有 $2^{159}$ 个节点落在这个距离范围。显然"k-bucket 160"是不可能装满的，那么应该装多少个节点呢？k 是一个系统级的常量，可以根据实际需要进行设定。如将以太坊 1.0 中 k 设定为 16，即一个 k-桶中最多存放 16 个对应距离范围的节点。

了解了 k-桶的基本组织方式后，我们再来看看，如何利用 k-桶来寻找目标节点。现在假设节点 A 的 ID 为 01010101，要寻找的节点 B 的 ID 为 01011001。首先将两个 ID 进行异或，得到距离为 1100，两个 ID 从倒数第 4 位开始不同，那么 i=4，距离范围就是 $[2^3,2^4)$。如果节点 A 记录了节点 B 的信息，根据规则就应该放入"k-bucket 4"中，再寻找是否记录了节点 B 的信息。实际上节点 A 并不一定记录了节点 B 的信息，此时根据 ID 和文件哈希值相同或接近的节点负责记录文件存储信息的规则，所以我们应该去更接近节点 B ID 的节点寻找。在"k-bucket 4"中的节点倒数第 4 位与节点 A ID 倒数第 4 位不同，且二进制数只能是 0 或 1，所以它们和节点 B 的倒数第 4 位是相同的，即节点 B 和"k-bucket"至少是从倒数第 3 位开始不同的，它们离节点 B 更近。接着选择"k-bucket 3"中的任意节点，假设为节点 C，然后用同样的方式计算节点 C 与节点 B 的异或距离，确定去节点 C 的哪一个 k-桶中寻找节点 B。如果找到了，则将其信息返回给 A，如果没有找到，则根据同样的方式找到更接近节点 B 的节点，重复进行查找。

使用 Kademlia 协议这种查找方式，每进行一次就会把 ID 位数开始不同的位置向低位推一位，这样就把剩余节点的一半给排除了，即是一种折半查找。所以对于一个总节点数为 N 的网络，只需要查询 $\log_2(N)$ 次就能找到其相应节点。下面进行举例说明，如图 5-8 所示。

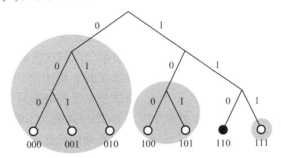

图 5-8　节点 ID 的随机空间为 3bits 的一个网络

图中最下层叶子节点代表网络中存在的节点，二进制数为节点的 ID。网络中每个节点的 ID 空间只有 3 位，也就是说，节点只有 3 个 k-桶。对于黑色节点 110 来说，和它倒数第 1 位不同的只有节点 111，放入"k-bucket 1"中；和它从倒数第 2 位开始不同的为节点 100 和节点 101，放入"k-bucket 2"中；和它倒数第 3 位开始不同的有节点 000、节点 001 和节点 010，放入"k-bucket 3"中（阴影为 3 个不同 k-桶中包括的节点）。现在假设黑色节点要寻找节点 001，节点 001 根据规则放在了黑色节点的"k-bucket 3"中，但是黑色节点还没有记录节点 001。所以它要根据规则询问更接近节点 001 的节点，相对于黑色节点更接近于节点 001 的就是最高位为 0 的节点（节点 001 最高位为 0），从图上可以看出如果最高位被确定，那么就把根节点的右子树都排除了，需要寻找的节点数目减少了一半。假设选择了节点 010，它和目标节点 001 从倒数第 2 位开始不同，所以应该去它的"k-bucket 2"中寻找是否有目标节点 001。"k-bucket 2"理论上可以放入节点 000 和 001，它们和目标节点 001 前两位相同，也就是确定了第 2 位。当确定了第 2 位后从左往右第 1 个阴影圆中二叉树根节点的右子树被排除了，搜索的空间减小了一半。当节点 ID 的位数更多时，二叉树层级会更多，相应叶子节点的数目也会更多。但从某个叶子节点出发搜索另一个节点的算法是相同的，节点 ID 从高位到低位，每确定 1 位都会排除当前一半的节点。所以最多只需要 $log2(N)$ 次搜索就能找到节点。如果节点对应的 k-桶中正好存放了目标节点，则只需要一次就可以找到节点。例如，如果图中黑色节点的"k-bucket 3"中存放了节点 001，那么第 1 次就会直接找到了。

　　了解 Kademlia 协议的路由规则后，我们再来看看 k-桶是如何增加节点的。k 代表的是每个 k-桶中存放节点的最大数量。每个 k-桶中节点的数量有两种情况，小于 k 或等于 k。当 k-桶中的数据小于 k 时，如果发现了新的对应此 k-桶的节点则会直接将节点加入；当 k-桶中的节点数量等于 k 或 k-桶已满时，则会 PING 一下 k-桶中已存在的节点。如果都还能连接上，则不会把新的节点加入 k-桶中。如果有不能连接上的节点，则将其去除，把新节点加入 k-桶中。之所以采用这种方式，是因为从统计分布的规律来看，长时间保持在线的节点，于未来长时间在线的可能性更大。

　　Kademlia 协议建立在上述 k-桶之上，可以发起 4 种消息请求。这些消息请求"封装"了对 k-桶的基本操作，组合起来就可以改变网络的状态，让整个网络得以正常运行。

　　（1）PING：用来测试节点是否依然在线。

　　（2）STORE：在某个节点中存储一个键值对。

　　（3）FIND_NODE：消息请求的接收者将返回自己 k-桶中离请求节点 ID 最近的 k 个节点。

　　（4）FIND_VALUE：根据文件资源的 KEY 查找一个数据，和 FIND_NODE 类似，如果请求接收者拥有 KEY 对应的文件资源，则返回数据。KEY 是文件的内容哈希，同节点 ID 一样有 160 位。

　　在 Kademlia 协议中节点的查询可以是并行的，也就是说，向一个节点发送 FIND_NODE 请求后，返回多个更近的节点，这时可以同时对这多个节点再次发起 FIND_NODE 请求，发起请求的节点数目由 α 参数控制。接到请求的节点继续在其 k-桶中进行查询，如果找到离目标节点更近的节点则返回相应的节点（最多 k 个）。请求节点收到响应后，更新结果列表，保持 k 个离目标节点更近的节点，对这些节点发起 FIND_NODE 请求，不断迭代执行这个查询过程。如果查询结果没有比上一次查询更接近目标节点，则查询迭代终止。迭代结束时，就可获取到 k 个离目标节点最近的节点。

　　在网络中存储文件资源时，由于对应节点可能不在线，所以文件资源会被存在 k 个节点上。存储了文件资源的节点会定期通过 FIND_NODE 请求找到网络中与文件资源哈希值最接近的 k 个节点，然后通过 STORE 请求把文件资源复制到这些节点上。这样可以保证在部分节点不在线后，网络中还有相应节点能提供文件资源。但是如果网络中存储有某个文件资源的所有节点都离线了，将没有节点再负责把文件资源复制到其他节点上，这个文件资源将从网络上永远消失。

　　一个新节点需要通过一个引导节点才能加入网络中，引导节点是一个已经在网络中的节点。新节点需要知道引导节点的 IP 地址和端口，通过相关的哈希算法给自己生成一个 ID，来唯一标识自己。然后以这个 ID 向引导节点发起 FIND_NODE，也就是引导节点会向相关节点发起 FIND_NODE 请求来定位新节点。这个定位过程中，收到请求的节点会把新节点的 ID 加入自己相应的 k-桶中，而新节点也会把收到请求的节点的 ID 加入自己的 k-桶中。这样一来新节点的 k-桶中就存入了其他节点，其他节点也在自己对应的 k-桶中存入了新节点。新节点就有了路由和被路由的能力，加入了网络。这种自我定位能让收到请求的节点，把新节点信息加入它们对应的 k-桶中。加入网络后，引导节点对于新节点来说和其他节点地位就是一样的了，新节点也可以成为后面加入节点的引导节点。

以上是对 Kademlia 协议相关运行机制的介绍，从中可以看出作为分布式哈希表协议的具体实现，通过 k-桶和异或距离算法能实现一种高效的路由机制，在此基础上利用 PING、STORE、FIND_NODE、FIND_VALUE 这 4 种请求实现了节点和文件资源的定位，并让节点可以自由加入和退出网络，从而构建了一个完全去中心的网络。相比于第一代 P2P 网络（未扩展的 BitTorrent 协议），摆脱了对 Tracker 服务器的依赖；相比于第二代 P2P 网络，避免了泛洪式查找引起的"查询风暴"。在各种 P2P 应用中 Kademlia 协议及其变种被广泛应用，区块链公链也不例外。

## 5.2.3 Gossip 协议

在 Hyperledger Fabric 中，节点间同步数据采用的是 Gossip 协议，当节点因为异常缺少账本数据时，可以通过 Gossip 协议从邻近的节点获得账本数据，保证集群中节点账本的一致性。Gossip 是流言的意思，很好地诠释了协议的过程，协议传输数据也是采用了类似流言传播的方式在集群中扩散。Gossip 是一种去中心化思路的分布式协议，可解决集群中的数据传播和状态一致性的问题。Gossip 协议流程如图 5-9 所示。

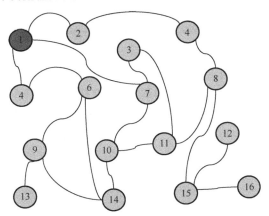

图 5-9 Gossip 协议流程

（1）协议流程

节点 A 周期性选择相邻的 K 个节点，并且向这 K 个节点发送自身存储的数据。K 个节点接到节点 A 发送过来的数据后，若发现自身没有则存储下来；如果有则丢掉，并且重复节点 A 的过程。

在节点 A 向节点 K 发送数据时有以下三种方式。

① push 模式：节点 A 将数据（key，version，value）推送给 K，K 更新 version 比自己新的数据。

② pull 模式：节点 A 将数据（key，version）推送给 K，K 将本地 version 比 A 新的数据推送给 A。

③ push/pull 模式：先采用 push 模式更新 K，然后采用 pull 模式更新 A。

（2）Gossip 协议的缺陷

Gossip 协议的缺陷包括消息延迟和消息冗余。

① 消息延迟。由于 Gossip 协议中，节点只会随机向少数几个节点发送消息，最终通过多个轮次散播到达全网，因此使用 Gossip 协议就会造成消息延迟。该协议不适合用在对实时性要求较高的场景中。

② 消息冗余。Gossip 协议规定，节点会定期随机选择周围节点发送消息，而收到消息的节点也会重复该步骤，因此就会存在消息重复发送给同一节点的情况，造成消息的冗余，同时也增加了收到消息节点的处理压力。而且，由于该协议是定期发送的，因此，即使收到了消息的节点，还会反复收到重复消息，加重了消息的冗余。

## 5.3　P2P 网络应用

P2P 网络应用

区块链技术的本质目的是解决效率和信任问题，由于不同场景下的应用对象不同，因而开放程度、应用范围也存在差异。根据开放程度的不同，按照准入机制可将区块链分为公有链、联盟链和私有链。

### 5.3.1　文件交换

在传统的 Web 方式中，实现文件交换需要服务器的大力参与，通过把文件上传到某个特定网站，用户再到该网站搜索需要的文件，然后下载，这种方式的操作十分烦琐。在这种情况下，Napster 为了满足人们希望通过互联网共享 MP3 音乐文件的需求，以 P2P 模式实现文件的自由交换体系，从而引发了网络 P2P 技术的革命。P2P 模式与传统模式相比，最大的区别在于用户不是从其他网站的服务器搜索和下载资源，而是从任何一个在线网友的计算机中直接下载。当然，其他网站的服务器也可看作是一个对等点，真正实现个人计算机与服务器平起平坐。文件交换的需求很自然地延伸到信息交换，如在线拍卖被赋予新的形式，人们不必到拍卖网站登记要卖的商品，在个人计算机的硬盘上建个商店就可以了。

### 5.3.2　对等计算

人们一直在尝试通过并行技术、分布式技术把多个网络节点联合起来，利用闲散计算资源来完成大规模计算任务，P2P 技术网络结构的组织方式为这种计算任务提供了契机。P2P 技术用于对等计算的优势在于，每个对等点不再只是单纯地接受计算任务，它还可以根据自身的情况（如分到的任务太多），再搜索其他空闲节点，把接受的任务分发下去，将中间结果层层上传，最后到达任务分发节点。对等点之间还可以直接交换中间结果进行协作计算。利用这种方式，可以合理整合闲散的计算能力和资源，使总体计算能力大规模提升，获得非常可观的计算性能/价格比。这样的灵活性和有效性是基于客户/服务器模式的分布式计算技术无法达到的。

### 5.3.3　协同工作

通过 P2P 技术互联网上任意两台 PC 都可以建立实时的联系，可以实现一个安全、共享的虚拟空间，人们可以进行各种各样的活动，既可以同时进行，也可以交互进行。P2P 技术包括协作计算、网格和数据内容网格。它能够帮助企业和关键客户，以及合作伙伴之间建立一种安全的网上工作联系方式，因此，基于 P2P 技术的协同工作也受到了极大的重视。

### 5.3.4　搜索引擎

P2P 技术能够开发出强大的搜索工具，使用户能够深度搜索文档，而且这种搜索无须通过 Web 服务器，也可以不受信息文档格式和宿主设备的限制，可达到传统目录式搜索引擎（只能搜索到 20%～30%的网络资源）无可比拟的深度（理论上包括网络上的所有开放的信息资源）。以 P2P 技术发展的 Gnutella 软件可将 1 台 PC 上的用户搜索请求同时发给网络上另外 10 台 PC，如果搜索请求未得到满足，这 10 台 PC 中的每一台都会把该搜索请求转发给另外 10 台 PC，这样，搜索范围将在几秒钟内以几何级数增长，几分钟内就可搜遍几百万台 PC 上的信息资源。可以说，P2P 技术为互联网的信息搜索提供了全新的解决之道。

### 5.3.5　流媒体

传统的分布式多媒体系统一般是基于客户/服务器模式的，服务器以单播的方式与每个用户建立连接，由于流媒体服务具有高宽带、持续时间长等特点，随着用户数量的增加，服务器的高宽带很快被消耗完，所以网络电视会经常出现断断续续、需要不断进行数据缓冲的情况。为了解决系统的可扩展性问题，人们提出了相应的解决办法，如采用 IP 组播技术可实现 Internet 高效的一对多通信，提高了系统的可扩展性。然而由于 IP 组播技术存在种种限制，如很难实现可行性组播和拥塞控制等技术，使该技术并没有得到广泛应用。由于 P2P 网络本身的可扩展性，基于 P2P 方式的流媒体技术能够很好地解决传统流媒体带宽不足的问题。单源的 P2P 流媒体传输系统建立在应用层组播技术的基础之上，由一个发送者向多个接收者发送数据，接收者有且只有一个数据源。服务器和所有用户节点组织成组播树，组播树的中间节点接收来自父节点组播的媒体数据，同时将数据以组播的方式传送给子节点。而多源的 P2P 流媒体传输系统，则是由多个发送者以单播的方式同时向一个接收者发送媒体数据。

由于 P2P 流媒体传输系统中节点的行为具有 Ad-Hoc 性质，如何在动态的系统环境下保证流媒体的服务质量，还需要结合流媒体对 QoS 的要求和网络流量分析等方面的知识，来研究出高效率、低代价的 QoS 保障机制。研究方向包括服务节点的选择，节点失效时如何保证流媒体服务的连续，以及对多个发送端的传输调度等内容。

## 5.4　P2P 技术在比特币中的作用

P2P 技术在比特币中的应用

每个比特币节点都是网络路由节点、完整区块链、矿工、钱包的功能集合。一个全节点（Full Node）包括 4 个类型，如图 5-10 所示。

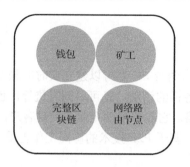

图 5-10　比特币网络节点的类型

　　除这些主要的节点类型之外，还有一些服务器及节点也在运行着其他协议，如特殊矿池挖矿协议、轻量级客户端访问协议等。图 5-11 中描述了比特币网络中常见的节点类型。

　　全节点具有一个完整的、最新的区块链（副本），能够独立自主地校验所有交易，而不需要借助任何外部参照。

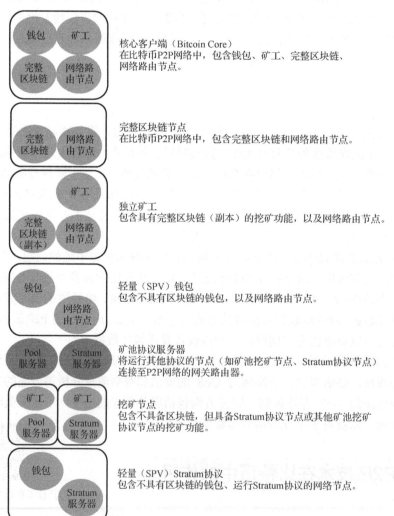

图 5-11　比特币网络的不同节点类型

SPV 节点，又叫轻量（SPV）钱包，只保留了区块链的一部分，它们通过"简易支付验证（SPV）"的方式来完成交易验证。

挖矿节点通过运行在特殊硬件设备上的工作量证明算法，以相互竞争的方式创建新的区块。挖矿节点也可能同时是全节点，具有区块链的完整（副本），还有一些参与矿池挖矿节点是轻量级节点，它们必须依赖矿池协议服务器维护的全节点进行工作。

钱包可以作为全节点的一部分，这在桌面比特币客户端中比较常见。越来越多用户的钱包都是 SPV 节点，尤其是运行在硬件资源受限设备上的比特币钱包。

新节点加入比特币网络后，它必须发现网络中的其他比特币节点（至少一个）才能建立连接。比特币网络并不基于节点间的地理位置，因此与各个节点之间的地理信息无关。

新节点可以随机选择网络中存在的比特币节点与之相连。节点 TCP 使用 8333 端口与已知的对等节点建立连接。在建立连接时，该节点会通过发送一条包含基本认证内容的 version 消息开始"握手"通信过程，如图 5-12 所示。这个过程包括内容如下。

PROTOCOL_VERSION：定义客户端比特币 P2P 协议所采用的版本（如 70002）。

nLocalServices：一组该节点支持的本地服务列表，当前仅支持 NODE_NETWORK。

nTime：当前时间。

addrYou：当前节点可见的远程节点的 IP 地址。

addrMe：本地节点所发现的本机 IP 地址。

subver：指示当前节点运行的软件类型的子版本号（如/Satoshi:0.9.2.1/）。

BaseHeight：区块高度。

新节点是如何发现网络中的对等节点的呢？虽然比特币网络中没有特殊节点，但是客户端会维持一个列表，可列出长期稳定运行的节点，这样的节点被称为"种子节点"（Seed Nodes）。新节点并不一定需要与种子节点建立连接，但连接种子节点的好处是，可以通过种子节点快速发现网络中的其他节点。

当建立一个或多个连接后，新节点将一条包含 IP 地址的 addr 消息发送给其相邻节点，相邻节点再将此 addr 消息依次转发给它们各自的相邻节点，从而保证新节点信息被多个节点所接收，使其连接更稳定。另外，新接入的节点可以向其相邻节点发送 getaddr 消息，并能返回已知对等节点的 IP 地址列表。通过这种方式，节点可以找到需要连接的对等节点，并向网络发布消息以便其他节点的查找。图 5-13 描述了这种节点地址广播及发现的过程。

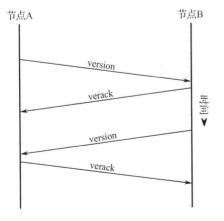

图 5-12 对等节点之间的初始"握手"通信

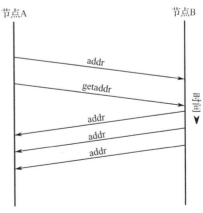

图 5-13 节点地址广播及发现过程

　　节点必须连到若干不同的对等节点后，才能在比特币网络中建立通向比特币网络的路径（Path）。节点在失去已有连接时发现新节点，并在其他节点启动时为其提供帮助。节点启动时只需要一个连接，因为第一个节点可以将它引荐给对等节点，而这些节点又会进一步提供引荐。当节点重新启动后，它可以迅速与先前的对等节点网络重新建立连接。如果先前网络的对等节点对连接请求无应答，则该节点可以使用种子节点进行重启动。

➡ **学习项目**

## 5.5　项目　IPFS 文件系统的实践

### 5.5.1　任务 1　IPFS 环境部署

　　面向全球的点对点分布式版本文件系统，其目标是为了补充（甚至是取代）互联网的超文本传输协议（HTTP），将所有具有相同文件系统的计算设备连接在一起。它的原理是用基于内容的地址替代基于域名的地址，也就是用户寻找的不是某个地址而是储存在某个地方的内容，不需要验证发送者的身份，而只需验证内容的哈希值即可，这样可以让网页的运行速度更快、更安全、更健壮、更持久。IPFS 是基于区块链技术的去中心化存储网络，可实现永久性存储。

　　本项目通过部署 IPFS 环境、使用 IPFS 实现文件存储，让大家掌握 IPFS 的基本操作。下面开始学习 IPFS 环境部署的方法。

**1. 软/硬件环境**

部署 IPFS 需要一台虚拟机，虚拟机的软/硬件环境如表 5-1 所示。

表 5-1　虚拟机的软/硬件环境

| 硬 件 环 境 | 软 件 环 境 |
| --- | --- |
| 单核处理器 | Centos7 |
| 4GB 内存 | go-ipfs_v05.1 |
| 60GB 硬盘　千兆网口 | nodejs |
| 23.5 英寸 LED 显示器 | node-v10.14.1 |

**2. IPFS 环境部署**

（1）下载 go-ipfsv0.5.1linux-amd64.tar.gz 文件，并验证该文件是否存在。

```
[blockchain@localhost bin]$ cd /home/blockchain/
[blockchain@localhost ~]$ ls -rtl
总用量 37284
drwxrwxrwx. 2 blockchain blockchain          6 5 月   30 10:12 桌面
drwxrwxrwx. 2 blockchain blockchain          6 5 月   30 10:12 音乐
drwxrwxrwx. 2 blockchain blockchain          6 5 月   30 10:12 下载
drwxrwxrwx. 2 blockchain blockchain          6 5 月   30 10:12 文档
drwxrwxrwx. 2 blockchain blockchain          6 5 月   30 10:12 图片
drwxrwxrwx. 2 blockchain blockchain          6 5 月   30 10:12 视频
drwxrwxrwx. 2 blockchain blockchain          6 5 月   30 10:12 模板
drwxrwxrwx. 2 blockchain blockchain          6 5 月   30 10:12 公共
```

```
-rwxrwxrwx. 1 blockchain blockchain 14418206   5 月    30 10:23 teamviewer_15.6.7.x86_64.rpm
-rw-r--r--. 1 blockchain blockchain 23753234   6 月    2 23:57 go-ipfs_v0.5.1_linux-amd64.tar.gz
```

（2）安装 IPFS，并验证安装是否成功。

```
#将 tar 包解压缩到/home/blockchain/目录下
[blockchain@localhost ~]$ gzip -d go-ipfs_v0.5.1_linux-amd64.tar.gz
[blockchain@localhost ~]$ tar -xvf go-ipfs_v0.5.1_linux-amd64.tar
#进入 go-ipfs 文件夹
[blockchain@localhost ~]$ cd go-ipfs/
#将 IPFS 执行文件放置在系统的 bin 目录下
[blockchain@localhost go-ipfs]$ mv ./ipfs to /usr/local/bin
#执行 install.sh 文件，安装 IPFS
[blockchain@localhost usr/local/bin~]$ ./install.sh
#检查安装的 IPFS 版本，显示出版本号则证明安装成功
[blockchain@localhost go-ipfs]$ ipfs version
ipfs version 0.51
```

### 3. IPFS 节点的创建、查看和启动

（1）创建节点

进入当前用户的根目录，并使用 ipfs init 命令创建节点，用 xdg-open ./命令打开创建节点生成的.ipfs 目录，如图 5-14 所示。

```
[blockchain@localhost go-ipfs]$ cd ~/
[blockchain@localhost ~]$ pwd
/home/blockchain
[blockchain@localhost ~]$ ipfs init
initializing IPFS node at /home/blockchain/.ipfs
generating 2048-bit RSA keypair...done
peer identity: QmQ1FPvATDokFM9ch82EEAYn6A8ARNC37RcqLtpGgTbcTx
to get started, enter:

ipfs cat /ipfs/QmQPeNsJPyVWPFDVHb77w8G42Fvo15z4bG2X8D2GhfbSXc/readme

[blockchain@localhost ~]$ cd .ipfs
[blockchain@localhost .ipfs]$ ls -rtl
总用量 20
-rw-r--r--.    1 blockchain blockchain      2 6 月    3 14:36 version
-rw-------.    1 blockchain blockchain    190 6 月    3 14:36 datastore_spec
-rw-rw----.    1 blockchain blockchain   4808 6 月    3 14:36 config
drwx------.    2 blockchain blockchain      6 6 月    3 14:36 keystore
drwxr-xr-x.    2 blockchain blockchain    122 6 月    3 14:36 datastore
drwxr-xr-x. 31 blockchain blockchain   4096 6 月    3 14:36 blocks
[blockchain@localhost .ipfs]$ xdg-open ./
```

This tool has been deprecated, use 'gio open' instead.

See 'gio help open' for more info.

image-20200603145334940

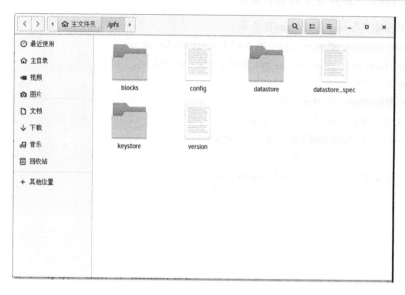

图 5-14   .ipfs 目录

（2）查看节点 id

```
[blockchain@localhost .ipfs]$ ipfs id
{
        "ID": "QmQ1FPvATDokFM9ch82EEAYn6A8ARNC37RcqLtpGgTbcTx",
        "PublicKey":
"CAASpgIwggEiMA0GCSqGSIb3DQEBAQUAA4IBDwAwggEKAoIBAQDF22LdMTuU2Zy+lGEkbjTQJFn+GG8
gppor58XwjYzX4zpw276qg6uqsU1C4MISWMBux1aXihcseSlH2gGIvm4ilwGVnZsY1WYnzsNOGgRHscmykDqP
UFOfme/2xgQAM5vMOq2k1Ro98cBc/QtmirvJS6M5y3p/+FbOGOm5CuoKRhvJuQbRzQdK8c7JYJ+02KDmifbNyl
jwYffX07M0pf2JfYVDWYpoKVoRdFiOxo0TzkA4fDKH3UfUBb2cdOKjC+4A6dBOy8XBHPk3ZxJAkw3sFSUarU
jnzloVjDCzygL3LFRtqH50qIRJFqixSMIjFhImH1GuYvyshzvOLoPeNjAFAgMBAAE=",
        "Addresses": null,
        "AgentVersion": "go-ipfs/0.5.1/",
        "ProtocolVersion": "ipfs/0.1.0"
}
```

（3）修改 IPFS 的默认存储空间

存储节点默认存储空间大小为 10GB。通过 config 配置文件可以修改存储空间。找到 StorageMax 属性，将原有的 10GB 修改成 9GB，如图 5-15 所示。

```
#修改 centos 的默认编辑器为 vim
[blockchain@localhost .ipfs]$export EDITOR=/usr/bin/vim
#通过 vim 进行编辑存储节点默认值
[blockchain@localhost .ipfs]$ ipfs config edit
```

图 5-15　修改 StorageMax 属性

（4）启动和同步节点服务器

执行 ipfs daemon 命令，可以同步节点数据到 IPFS 网络中。

[blockchain@localhost .ipfs]$ ipfs daemon

Initializing daemon...

go-ipfs version: 0.5.1

Repo version: 9

System version: amd64/linux

Golang version: go1.13.10

Swarm listening on /ip4/127.0.0.1/tcp/4001

Swarm listening on /ip4/192.168.122.238/tcp/4001

Swarm listening on /ip4/192.168.124.1/tcp/4001

Swarm listening on /ip6/::1/tcp/4001

Swarm listening on /p2p-circuit

Swarm announcing /ip4/127.0.0.1/tcp/4001

Swarm announcing /ip4/192.168.122.238/tcp/4001

Swarm announcing /ip4/192.168.124.1/tcp/4001

Swarm announcing /ip6/::1/tcp/4001

API server listening on /ip4/127.0.0.1/tcp/5001

WebUI: http://127.0.0.1:5001/webui

Gateway (readonly) server listening on /ip4/127.0.0.1/tcp/8080

Daemon is ready

#### 4．IPFS 运行体验

（1）查看 ReadMe

查看执行 ipfs init 命令时返回的内容。打开一个新的终端，操作如下：

```
[blockchain@localhost ~]$ ipfs init
initializing IPFS node at /home/blockchain/.ipfs
generating 2048-bit RSA keypair...done
peer identity: QmQ1FPvATDokFM9ch82EEAYn6A8ARNC37RcqLtpGgTbcTx
to get started, enter:
        ipfs cat /ipfs/QmQPeNsJPyVWPFDVHb77w8G42Fvo15z4bG2X8D2GhfbSXc/readme
[blockchain@localhost .ipfs]$ ipfs cat /ipfs/QmQPeNsJPyVWPFDVHb77w8G42Fvo15z4bG2X8D2GhfbSXc/
readme
Hello and Welcome to IPFS!
```

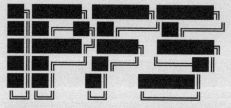

```
If you're seeing this, you have successfully installed
IPFS and are now interfacing with the ipfs merkledag!

--------------------------------------------------------
| Warning:                                              |
|    This is alpha software. Use at your own discretion! |
|    Much is missing or lacking polish. There are bugs. |
|    Not yet secure. Read the security notes for more.   |
--------------------------------------------------------

Check out some of the other files in this directory:
    ./about
    ./help
    ./quick-start        <-- usage examples
    ./readme             <-- this file
    ./security-notes
```

（2）Web 管理界面

下载稳定的 Firefox 浏览器。

**注意**：ipfs-companion 是作为 IPFS Daemon 守护进程的扩展而设计的。

IPFS 节点服务器启动后，使用火狐浏览器访问 http://localhost:5001/webui，查看本地配置、节点连接、本地节点文件等信息，如图 5-16 所示。

#### 5．设置跨域资源共享

在前端通过 js 接口操作 IPFS 时，我们遇到的跨域资源访问问题，可以在终端执行以下配置来解决。

```
[blockchain@localhost /]$ ipfs config --json API.HTTPHeaders.Access-Control-Allow-Methods '["PUT",
"GET", "POST", "OPTIONS"]'
[blockchain@localhost /]$ ipfs config --json API.HTTPHeaders.Access-Control-Allow-Origin '["*"]'
[blockchain@localhost /]$ ipfs config --json API.HTTPHeaders.Access-Control-Allow-Credentials '["true"]'
```

```
[blockchain@localhost /]$ ipfs config --json API.HTTPHeaders.Access-Control-Allow-Headers '["Authorization"]'
[blockchain@localhost /]$ ipfs config --json API.HTTPHeaders.Access-Control-Expose-Headers '["Location"]'
```

图 5-16  IPFS 界面

## 5.5.2  任务 2  IPFS 基本操作

通过本任务的学习，大家应掌握 IPFS 的基本操作。

### 1. 添加单个文件到 IPFS 节点

在/home/blockchain/下新建文件名称为 test.txt，其内容为"IPFS 测试文件"。

```
[blockchain@localhost ~]$ vi test.txt
[blockchain@localhost ~]$ cat test.txt
IPFS 测试文件
```

添加 test.txt 文件到 IPFS 节点。

```
[blockchain@localhost ~]$ ipfs add test.txt
added QmSVKEwPBTzw5QLzGUE8oN8J1r4cadMeieSw4Co1ozm2Ab test.txt
 17 B / 17 B [========================================================] 100.00%
```

添加文件到 IPFS 节点后，返回文件的哈希值"QmSVKEwPBTzw5QLzGUE8oN8J1r4cad
MeieSw4Co1ozm2Ab"。

查看 IPFS 节点的哈希值"QmSVKEwPBTzw5QLzGUE8oN8J1r4cadMeieSw4Co1ozm2Ab"
的文件内容为"IPFS 测试文件"。

```
[blockchain@localhost ~]$ ipfs cat QmSVKEwPBTzw5QLzGUE8oN8J1r4cadMeieSw4Co1ozm2Ab
IPFS 测试文件
```

**注意：**此时的文件只添加到本地的 IPFS 节点，读取的是本地数据，可以通过 http://localhost:

8080/ipfs/QmSVKEwPBTzw5QLzGUE8oN8J1r4cadMeieSw4Co1ozm2Ab 进行查看。

通过哈希值下载 IPFS 节点的文件。

```
[blockchain@localhost ~]$ ipfs get QmSVKEwPBTzw5QLzGUE8oN8J1r4cadMeieSw4Co1ozm2Ab
Saving file(s) to QmSVKEwPBTzw5QLzGUE8oN8J1r4cadMeieSw4Co1ozm2Ab
 17 B / 17 B
[================================================================] 100.00% 0s
[blockchain@localhost ~]$ ls -rtl
总用量 65804
drwxrwxrwx. 2 blockchain blockchain          6 5 月    30 10:12 桌面
drwxrwxrwx. 2 blockchain blockchain          6 5 月    30 10:12 音乐
drwxrwxrwx. 2 blockchain blockchain          6 5 月    30 10:12 下载
drwxrwxrwx. 2 blockchain blockchain          6 5 月    30 10:12 文档
drwxrwxrwx. 2 blockchain blockchain          6 5 月    30 10:12 图片
drwxrwxrwx. 2 blockchain blockchain          6 5 月    30 10:12 视频
drwxrwxrwx. 2 blockchain blockchain          6 5 月    30 10:12 模板
drwxrwxrwx. 2 blockchain blockchain          6 5 月    30 10:12 公共
-rwxrwxrwx. 1 blockchain blockchain  14418206 5 月    30 10:23 teamviewer_15.6.7.x86_64.rpm
-rw-r--r--. 1 blockchain blockchain  52951040 6 月    2 23:57 go-ipfs_v0.5.1_linux-amd64.tar
drwxrwxr-x. 3 blockchain blockchain       112 6 月    3 21:49 go-ipfs
-rw-rw-r--. 1 blockchain blockchain        17 6 月    3 22:12 test.txt
-rw-rw-r--. 1 blockchain blockchain        17 6 月    3 22:36 QmSVKEwPBTzw5QLzGUE8oN8J1r4cad
MeieSw4Co1ozm2Ab
[blockchain@localhost ~]$ cat QmSVKEwPBTzw5QLzGUE8oN8J1r4cadMeieSw4Co1ozm2Ab
IPFS 测试文件
```

查看当前目录时，发现多了一个"QmSV..."的文件，其内容为"IPFS 测试文件"。

### 2. 创建文件夹存储文件

使用 IPFS 命令新建文件夹。在 IPFS 中创建/mango 文件夹，查看其中存储的文件，将 IPFS 中的一个哈希值文件复制到新建的/mango/mango.txt 文件中，并查看 IPFS 的文件存储内容。

```
[blockchain@localhost ~]$ pwd
/home/blockchain
[blockchain@localhost ~]$ ipfs files mkdir /mango
[blockchain@localhost ~]$ ipfs files ls
mango
test.txt
[blockchain@localhost ~]$ ipfs files cp /ipfs/QmSVKEwPBTzw5QLzGUE8oN8J1r4cadMeieSw4Co1ozm2Ab
/mango/mango.txt
[blockchain@localhost ~]$ ipfs files read /mango/mango.txt
IPFS 测试文件
```

**注意：** 使用"ipfs files rm -rf /文件夹名"命令可以删除文件夹。

### 3. IPFS 上传文件夹

使用 IPFS 命令添加文件夹。在本地创建一个 mango 文件夹，并在其中创建一个 mango.txt 文件，写入 Hello IPFS!。

```
[blockchain@localhost ~]$ pwd
```

```
/home/blockchain
[blockchain@localhost ~]$ mkdir mango
[blockchain@localhost ~]$ cd mango
[blockchain@localhost mango]$ vi mango.txt
[blockchain@localhost mango]$ cat mango.txt
Hello IPFS!
```

使用"ipfs add -r 文件夹名"命令添加整个文件夹。

```
[blockchain@localhost ~]$ ipfs add -r mango/
added QmYWAifyw2V5dEq7c5GgdSPffeKoYXQZggnYzw5RbXpig4 mango/mango.txt
added QmVWPFaNkcjFu7Ng2B8UWYTWgUYPVWh3bZH1gDULBE4HAM mango
 12 B / 12 B [==================================================] 100.00%
```

使用 ipfs cat 命令查看文件夹的内容。

```
[blockchain@localhost ~]$ ipfs cat QmYWAifyw2V5dEq7c5GgdSPffeKoYXQZggnYzw5RbXpig4
Hello IPFS!
[blockchain@localhost ~]$ ipfs cat /ipfs/QmYWAifyw2V5dEq7c5GgdSPffeKoYXQZggnYzw5RbXpig4
Hello IPFS!
[blockchain@localhost ~]$ ipfs cat /ipfs/QmVWPFaNkcjFu7Ng2B8UWYTWgUYPVWh3bZH1g DULBE4HAM/
mango.txt
Hello IPFS!
```

在网页中，可以看到刚才加入 IPFS 的文件夹和文件，如图 5-17 所示。

图 5-17　查看已加入 IPFS 的文件夹与文件

进入 mango 文件夹，可以看到 mango.txt 文件，如图 5-18 所示。

单击 mango.txt 文件，可以看到文件中的内容，如图 5-19 所示，说明文件上传成功。

图 5-18　查看 mango.txt 文件

图 5-19　查看 mango.txt 文件的内容

### 5.5.3　任务 3　IPFS 项目的实践

本任务主要学习创建 IPFS 项目，并成功运行的方法，包括添加简单网页到 IPFS 节点、IPNS 绑定节点名两个子任务。

#### 1. 添加简单网页到 IPFS 节点

实现一个能够实时显示系统当前时间的网页，效果如图 5-20 所示。

图 5-20　显示系统当前时间

在/home/blockchain/下创建 ipfs_html 目录。创建一个项目，项目内的两个文件分别是 index.html 和 style.css。

（1）编辑 index.html 文件

```
[blockchain@localhost ipfs_html]$ vi index.html
[blockchain@localhost ipfs_html]$ more index.html
<!DOCTYPE html><html lang="ch">
<head>
        <meta charset="UTF-8">
        <title>快看几点了</title><link rel="stylesheet"href="style.css">
        <script>
                function time(){var h=new Date().getHours();h=h<10?("0"+h):h;var m=new Date().getMinutes();
m=m<1
    0?("0"+m):m;var s=new Date().getSeconds();s=s<10?("0"+s):s;document.getElementById ("time").innerHTML=
h+":"+m+":"+s}
                function date(){var m=new Date().getMonth();m=m+1;var d=new Date().getDate();d=d<10?
("0"+d):d;document.getElementById("date").innerHTML=m+"月"+d+"日，"}
                function day(){var x;var day=new Date().getDay();switch(day){case 0:x="日";break;case 1:x="一
";b
    reak;case 2:x="二";break;case 3:x="三";break;case 4:x="四";break;case 5:x="五";break;case 6:x="六
";break}documen
    t.getElementById("day").innerHTML="星期"+x}setInterval(time,500);setInterval(date,700);setInterval(day,
1000);
        </script>
</head>
```

```
<body>
<div class="bodyBox">
    <div class="Box">
        <div class="timebox">
            <p id="time"class="time"></p></div>
        <div class="date-dayBox">
            <a id="date"class="date-day"></a>
            <a id="day"class="date-day"></a>
        </div></div></div>
</body>
</html>
```

（2）编辑 style.css 文件

```
blockchain@localhost ipfs_html]$ vi style.css
[blockchain@localhost ipfs_html]$ more style.css
body{margin:0;padding:0;}
.bodyBox{padding:1px;width:1918px;height:1078px;background-image:linear-gradient( 135deg,#43CBFF 10%,
#9708CC 100%);}
.Box{margin:380px
auto;padding:10px;width:580px;height:280px;background-color:rgba(255,255,254,0.5);box-shadow:8
    px 8px 40px #616161;}
.timebox{margin:0 auto;padding:1px;width:578px;height:198px;}
.date-dayBox{padding-left:44px;float:left;width:440px;height:66px;}
.time{color:#424242;text-align:center;font-size:140px;font-family:"等线";margin-top:40px;}
.date-day{color:#333333;display:inline-block;font-size:50px;font-family:"微软雅黑";}
```

（3）使用 IPFS 命令添加文件夹

```
[blockchain@localhost ipfs_html]$ pwd
/home/blockchain
[blockchain@localhost ~]$ ipfs add -r ipfs_html
added QmWqfnmxuy4b4qM2Ecmuv8L23aDb1dpf4w3Kug4DflLugv ipfs_html/index.html
added QmaUAy3F6gNuEhCuT1y7aroy3oqUyATUfemEFQUzX1ziyb ipfs_html/style.css
added QmZjzkiqy1P14GppWv1mdSnbb9Ls6KVup4dg4FHEnyLsTL ipfs_html
 1.66 KiB / 1.66 KiB [===============================================] 100.00%
```

（4）访问 IPFS 对应文件

访问 IPFS 网关（http://127.0.0.1:8080/ipfs/QmZjzkiqy1P14GppWv1mdSnbb9Ls6KVup4dg4
FHEnyLsTL/），验证界面输出时间与系统时间一致，如图 5-21 所示。

**2. IPNS 绑定节点名**

每次修改内容后，文件的哈希值就会发生变化。对于网站而言，经常在发布后还需要对内容做修改，这时就需要用 IPNS 绑定节点名。每次更新网站内容都要重新进行一次 publish 将更新发布到 IPNS。

图 5-21　输出时间与系统时间一致性的验证

刚才 HTML 根目录的哈希值是 QmZjzkiqy1P14GppWv1mdSnbb9Ls6KVup4dg4FHEnyLsTL，操作如下：

```
[blockchain@localhost ipfs_html]$ ipfs name publish QmZjzkiqy1P14GppWv1mdSnbb9Ls6KVup4dg4
FHEnyLsTL
Published    to    QmQ1FPvATDokFM9ch82EEAYn6A8ARNC37RcqLtpGgTbcTx:    /ipfs/QmZjzkiqy1P14Gpp
Wv1mdSnbb9Ls6KVup4dg4FHEnyLsTL
```

（1）查看当前节点

```
[blockchain@localhost ipfs_html]$ ipfs id
{
    "ID": "QmQ1FPvATDokFM9ch82EEAYn6A8ARNC37RcqLtpGgTbcTx",
    "PublicKey":
"CAASpgIwggEiMA0GCSqGSIb3DQEBAQUAA4IBDwAwggEKAoIBAQDF22LdMTuU2Zy+lGEkbjTQJFn+GG8
gppor58XwjYzX4zpw276qg6uqsU1C4MISWMBux1aXihcseSlH2gGIvm4ilwGVnZsY1WYnzsNOGgRHscmykDqP
UFOfme/2xgQAM5vMOq2k1Ro98cBc/QtmirvJS6M5y3p/+FbOGOm5CuoKRhvJuQbRzQdK8c7JYJ+02KDmifbNyl
jwYffX07M0pf2JfYVDWYpoKVoRdFiOxo0TzkA4fDKH3UfUBb2cdOKjC+4A6dBOy8XBHPk3ZxJAkw3sFSUarU
jnzloVjDCzygL3LFRtqH50qIRJFqixSMIjFhImH1GuYvyshzvOLoPeNjAFAgMBAAE=",
    "Addresses": [
        "/ip4/127.0.0.1/tcp/4001/p2p/QmQ1FPvATDokFM9ch82EEAYn6A8ARNC37RcqLtpGgTbcTx",

        "/ip4/192.168.122.238/tcp/4001/p2p/QmQ1FPvATDokFM9ch82EEAYn6A8ARNC37RcqLtpGgTbcTx",

        "/ip4/192.168.124.1/tcp/4001/p2p/QmQ1FPvATDokFM9ch82EEAYn6A8ARNC37RcqLtpGgTbcTx",
        "/ip6/::1/tcp/4001/p2p/QmQ1FPvATDokFM9ch82EEAYn6A8ARNC37RcqLtpGgTbcTx"
    ],
```

```
        "AgentVersion": "go-ipfs/0.5.1/",
        "ProtocolVersion": "ipfs/0.1.0"
    }
```

发现 ID 和上面 Published to 返回的节点一致，都是 QmQ1FPvATDokFM9ch82EEAYn6A8ARNC37RcqLtpGgTbcTx。

（2）验证节点

命令为"ipfs name resolve 节点 ID"。

```
[blockchain@localhost ~]$ ipfs name resolve QmQ1FPvATDokFM9ch82EEAYn6A8ARNC37RcqLtpGgTbcTx
/ipfs/QmZjzkiqy1P14GppWv1mdSnbb9Ls6KVup4dg4FHEnyLsTL
```

（3）访问 IPNS 对应文件

浏览器访问 IPFS 的网关（http://127.0.0.1:8080/ipns/QmQ1FPvATDokFM9ch82EEAYn6A8ARNC37RcqLtpGgTbcTx），如图 5-22 所示。

图 5-22　使用浏览器访问 IPFS 网关

# 本章习题

## 一、填空题

1. P2P 网络即_____、_____，英文为"Peer-to-Peer Network"，是一种_____、依靠对等节点（Peers）交换信息的计算机网络。

2. P2P 主要存在 4 种不同的网络模型，也代表着 P2P 网络技术的不同发展阶段：_____、_____、_____和_____。

3．P2P 网络技术的应用包括_____、_____、_____、_____、_____等。

二、单项选择题

1．分布式哈希表的特点不包括（　　）。

A．离散性　　　　　　　　　　　　B．伸缩性

C．容错性　　　　　　　　　　　　D．可重复性

2．流媒体中可研究的方向包括（　　）。

A．服务节点的选择　　　　　　　　B．节点失效时如何保证流媒体服务的连续

C．对多个发送端的传输调度　　　　D．以上都包括

3．下面不属于 Gossip 节点发送数据的是（　　）。

A．push 模式　　　　　　　　　　　B．press 模式

C．push/pull 模式　　　　　　　　　D．pull 模式

三、思考题

P2P 网络技术在比特币中发挥了怎样的作用？

# 第6章

# 区块链共识机制及应用

## 🔿 学习目标

◆ 理解共识和一致性概念
◆ 理解掌握拜占庭将军问题
◆ 掌握 PoW 原理
◆ 掌握 PoS 原理
◆ 掌握 DPoS 原理
◆ 理解 PBFT 的作用

## 🔿 引导案例

区块链基于去中心化的架构，有大量独立的节点同时参与区块链的维护，如果节点的行为没有规则，则会造成整体系统的低效甚至是混乱。共识机制可以规范所有节点的行为，只要恶意节点不足够多，整体系统就能够以一定的效率完成系统目标。常见共识算法包括 PoW、PoS、DPoS、PBFT 等，下面就让我们一起来探索吧。

## 🔿 相关知识

## 6.1 共识概述

共识的概念和特点

### 6.1.1 共识与一致性

在正式开始讨论共识之前，我们先来了解一个与共识相关度很高的概念：一致性。这两个概念在区块链领域内经常被混用甚至相互替代，但它们之间是存在差别的。可以简单理解为一致性是分布式系统要达成的目标，而共识是实现一致性的方法和途径。

一致性指多个分布式网络中的节点所保存同一份数据的多个副本之间，对外呈现出相同的表现。在分布式账本系统中，除一般意义上的所有数据副本均相同之外，应保证所有参与者对交易发生先后顺序的一致，即认可系统对交易的排序结果。

当节点间账本数据一致时，用户无论访问哪个节点均可以得到相同的结果，并且可以在多机之间分摊负载，以提高访问读取的效率。但问题出在当用户在对某个节点上的账本数据进行部分修改时，需要将最新的账本数据在节点间进行同步，以此来保持节点间账本数据的一致性。这就需要设计一个同步机制来实现，而这样又会大幅度降低系统的性能。

这就似乎陷入一种矛盾中：分布式的方式本身应该可以解决可扩展性问题，但在分布式部署后又将扩展性问题带回了分布式系统中。我们通常会在工程实践中放松对一致性标准的要求，来提高系统的整体可用性。

一致性分为强一致性和弱一致性两大类。

（1）强一致性（Strong Consistency）：要求节点在无论何时进行数据的读取操作时，均会返回最新一次写操作后的结果数据。

强一致性主要包括线性一致性（Linearizability Consistency）、顺序一致性（Sequential Consistency）等。其中线性一致性需要依赖于一个全局时钟，即从全局时钟的角度看各个进程的读/写操作。这也就意味着①节点自身不能存在宕机等故障；②节点间数据同步可在瞬间完成。这些要求十分严苛并且需要依赖于一个绝对的全局时间来对事件的先后进行排序，因此可以被认为是一种比较理想化的模型，但现实中较难实现。

顺序一致性指需要从自身角度能看到的全局顺序在各个进程间均一致，而不需要和一种绝对的全局时钟进行比较。

（2）弱一致性（Weak Consistency）：相对于要求严格的强一致性，弱一致性放宽了对数据读/写时同步性的要求，可以允许某些时刻访问的数据不一致。其中比较典型的情况是最终一致性（Eventual Consistency）。最终一致性指不保证任意时间点上节点的数据均相同，但需要在经过有限的时间后达到数据上的一致。这实际上可以通过放宽系统的目标要求，从而降低系统实现的难度。

实践过程中应根据需求来选择要达成一致性要求的目标。大部分情况下，最终一致性都能与业务场景的需求相匹配，可以满足用户的使用要求。

## 6.1.2 拜占庭将军问题

拜占庭将军问题是20世纪80年代由Pease和Laport提出的针对分布式系统达成共识的一种情景化描述。古代拜占庭帝国有若干个将军想要攻打一个城市，并在该城市周边各自驻扎了下来。为了确保作战顺利，将军间必须有一个统一的作战计划，如进攻或撤退。然而他们只能通过信使来传递消息。更糟的是，将军之中可能出现叛徒，扰乱作战计划的制订。问题就在于，是否存在一个算法可以确保所有忠诚的将军可以达成一致呢？

Laport提出了两种解法：第一种为"口头消息"的OM(m)协议，即除链路上可使用加密安全保障外，不允许使用任何的加密算法。采用该算法时，问题有解的充分必要条件是2/3以上的将军是忠诚的。第二种为"加密消息"的SM(m)协议，该算法与第一种不同之处在于，使用了签名算法，即每个节点都能产生一个不可伪造的签名，并可由其他节点进行验证，该算法可在有任意多个叛徒（至少还应有2个忠诚将军，否则问题无意义）时，问题均有解。

拜占庭将军问题是理解区块链共识协议的重要基础，因为它描述了分布式系统领域最复杂的容错模型。在拜占庭将军问题中，Laport 提出的解法实际上就是通过声明一个共识算法来实现分布式系统一致性正确的这个目标，只要叛徒将军的比例不超过 1/3，采用加密和签名的方法就能确保忠诚将军对"进攻"达成一致，叛徒将军在分布式系统中也称为"拜占庭节点"。

## 6.1.3 共识协议的定义

共识协议被很多人认为是区块链平台的核心技术之一。因为有了底层账本和分布式网络之后，下一个关键问题就是怎么保证各个网络节点之间的账本数据一致。"共识"这个概念在传统分布式系统中也会涉及，但区块链对共识提出了更高的要求。因为区块链基于节点处于不可信任的分布式环境假设，所以区块链的共识通常都需要满足"拜占庭将军"问题的容错模型。从实现思路上，共识主要分为 Proof-of-X 类共识、BFT 类共识和混合类等。

Proof-of-X 类共识：基于"彩票"的方式，需要以某种代价或资源来"证明"该节点可以获得一定概率或比率的记账权。根据所需要提供证明内容的不同，比较典型的共识包括 PoW、PoS、DPoS、PoA、PoET、PoSp、PoR 等。基于这类记账权机制，各个节点通常还需要按照某种规则来达成账本的一致性，如比特币的最长链原则等，以完成最终的共识。

BFT 类共识：基于"投票"的方式，通过节点间的消息传递与比较判断来达成一致。因此 BFT 类共识达成一致性的速度也较快，并且共识结果具有确定性，但由于需要节点间互通有无、消息传递量较大，当节点规模较大时会存在性能问题。BFT 类共识包括 PBFT、SBFT/Chain、Ring、Zyzzyva、Zyzzva5、CheapBFT、MinBFT、OBFT 等。

混合类共识：综合使用 Proof-of-X 类共识和 BFT 类共识，将两者进行结合，取长补短，一方面让可参与共识的受众足够广；另一方面，让共识确认速度足够快。混合类共识包括 PoW+BFT、DPoS+BFT、Tendermint、Algorand 等。

# 6.2 PoW

工作量证明

PoW（工作量证明）指需要各个节点进行一个较难完成，但较容易验证的工作来实现共识。

比特币网络中的计算是根据上一个区块的信息来确定出下一个待挖区块的目标结果值。但这个过程采用单向计算的哈希函数，因此只能采用暴力尝试的方式来得出这个答案，从而控制一定时间内网络中的提案数量。计算存在一定难度，并且难度会随着实际计算时间来动态调整。

比特币的 PoW 过程可以理解成是寻找不同随机数，即 nonce 值作为哈希函数 SHA256 的输入，满足一定难度值要求，即哈希计算结果前导位 0 的个数小于且等于难度值，一般只能通过计算机枚举暴力求解，比特币 PoW 计算公式如下。

$$SHA256(SHA256(nonce+前一区块\ Hash+Merkle\ 根+时间戳))\leq Difficulty$$

PoW 求解过程中，网络里有 2 个或 2 个以上的节点在同一区块的基础上进行哈希运算，并且都向网络中广播了自己打包的区块后，区块链则可认为是产生了分叉，需要确定哪一个才是主链，即分叉选择策略。比特币采用了最长链机制，即按照链的长度来确定主链。出于经济利益最大化的考虑，诚实的矿工一般会立即抛弃不是最长链的区块，而去在当前最长链上竞争下一个新的区块。一般认为，一个区块中的交易内容，要经过后续的至少 6 个区块以上才可认为是大概率上不会被算力竞争所抛弃掉，即被认为是确定状态，以此来避免双花攻击问题。

PoW 在一定程度上也避免了女巫攻击（Sybil Attack）。女巫攻击是攻击者伪造出大量的假节点加入网络中，以此来蒙蔽正常用户。由于公有链的网络无须进行访问许可，使得此种攻击方式成为可能，但在 PoW 共识下，生成区块均需要耗费大量算力，从而避免了女巫攻击。

但 PoW 存在其他一些问题，包括能源浪费、由挖矿而导致的攻击等。

（1）"无意义"的能源浪费

为了获取挖矿收益的节点会进行大量的哈希运算。据估计，仅比特币网络挖矿就在全世界范围内消耗的电力达 2.55 GW，与爱尔兰全国的耗电量相当，并且这个消耗仍在持续快速上升。

因此，曾经有很多人在研究如何将 PoW 的计算内容从无意义的哈希运算，应用于更为实际的运算场景。而 PoW 本身最早应用在 Hashcash 时就是用来过滤垃圾邮件和防止 DoS 攻击的。目前也有很多区块链平台将 PoW 的场景扩展到了更多实用领域。

但是，将看似无用的计算用于其他实际意义场景的算法，有可能会降低网络的安全性。因为这些"有用"的计算，使得攻击者在攻击的同时，还可以顺带完成一些其他有实际价值的工作，因而相较于比特币网络的纯粹电费支出，这种方式变相地降低了攻击成本，有可能会诱发更多的攻击。

（2）挖矿相关的攻击

尽管比特币的 PoW 在事实上较为成功，相较于 PoS 等共识从实践的角度来看更为稳健，但不可否认的是 PoW 也存在较多的安全风险需要防控。学术界对此已有不少研究，挖矿常见的威胁及相应的对策如表 6-1 所示。

表 6-1 挖矿常见的威胁及相应对策

| 攻 击 名 称 | 描 述 | 对 策 |
|---|---|---|
| 竞争攻击（Race Attack） | 同时向网络中发送两笔交易，其中一笔发送给商家，使商家误以为已付款；另一笔发给自己并且包含了足够高的手续费。因此矿工更有可能打包发给攻击者自己的交易，从而使商家受损 | 在网络中增加观察者角色；商家不应在交易时接受不明身份的直接节点连接 |
| Finney 攻击（Finney Attack） | 不诚实的矿工为了实现双花攻击，在交易中广播设计好的预挖区块，使得受害者误以为对方已付款 | 在比特币交易多次确认后再发货 |
| Vector76 攻击（Vector76 Attack 或 One-Confirmation Attack） | 竞争攻击与 Finney 攻击的组合 | 同上 |
| 51%攻击（51% Attack 或 Majority Attack） | 掌握了 50%以上的算力后就可以实现的 PoW 算力攻击 | 在网络中增加观察者角色；限制大矿池的出现 |
| 自私挖矿 | 恶意矿工挖到区块后并不立即公布出去，而是挑选一些特定的时间再公布，从而使得网络中其他矿工的区块无效，损失收益，同时有可能实现双花攻击 | 同上 |
| 扣块攻击（Block Withholding Attack） | Finney 攻击的另一种复杂形式，主要针对矿池进行。矿工在挖到区块后并不广播，而是自己用该哈希获取挖矿奖励，从而使矿池受损 | 矿池只接受可信赖的矿工加入；实时监控收益，当收益出现异常下降时采用暂时关闭等应急手段 |

# 6.3 PoS

权益证明

PoS（权益证明）与 PoW 竞争挖矿造成的能源浪费和效率低下不同，PoS 一般以节点投入的通证数量和持有通证的时间长短（币龄）来计算可记账权的比率。与 PoW 投入成本进行算力竞争不同，PoS 的博弈思想是持有通证数量越多的人越值得信赖。

因为实现上的困难，早期的 PoS（如 Peercoin）是采用 PoW + PoS 的混合方式，通过 PoW 来控制提案的发送。

随着技术与研究的投入，纯粹 PoS（Pure PoS）机制被越来越多的提出和应用。Nextcoin（NXT，未来币）是该机制的代表性平台之一，每 60 分钟能够根据持有通证的多少来选择矿工；矿工获得挖矿权后的工作和 PoW 类似，包括验证交易、记录挖矿收益、打包区块并广播等。

为了能在纯粹 PoS 机制下更好的选择出块者，Bentov 等人提出了 Follow-the-Satoshi 算法如图 6-1 所示。其中 Satoshi 是比特币的最小货币单位——聪。这个算法的思路较为简单，将随机数以最细粒度，如比特币"聪"的方式，映射到目前所有已挖出的通证上。这样可以将当前所有持有通证的用户按照 Merkle 树的方式组织起来。此时树的"叶子"不再代表区块，而是用户及其通证数量。当选出块用户时，算法从树根开始，按照权重大小随机决定每次的左右选择方向，直至最终选好出块用户。

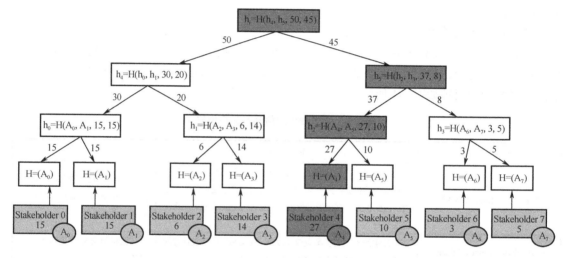

图 6-1　Follow-the-Satoshi 算法示意

（1）PoS 的特点

PoS 一般对系统硬件要求不高，参与者只需要一些很小的硬件投入成本即可参与到网络共识中，使可以参与到共识中的潜在受众规模变得更大。

PoS 的通证在整个区块链体系中更像是以股份或存款的形式而存在：通过质押通证来获得"分红"或"利息"。这种方式的通证经济体系会更易于使发行者、持有者、开发者等的利益绑在"一条船"上，从而使生态体系具有较强的生命力和适应力。

另外，攻击 PoS 的系统会比攻击 PoW 的系统成本更高，相对更安全。因为 PoS 的挖矿收益类似于利息，只要设置好合适的激励与惩罚机制，在发现作恶者利用"本金"进行下文提到的一些攻击后，对本金进行惩罚，则会让攻击者得不偿失。

（2）PoS 的一些问题

① 无权益问题（Nothing At Stake）

PoS 中，用户可以同时在两个分叉上面下注而不会受到损失。这样，无论哪个分叉后面被公认为主链，该用户都可以获得奖励而没有机会成本的损失。这样在事实上也会干扰共识的形成。与之形成对比的是，在 PoW 中就不会存在这种问题，因为在两个分叉上都进行挖矿所需的计算量实在是太大了。

Vitalik 在 2014 年也提出了防止这种问题的两种思路。

● 对在同一个区块上面进行多次下注的，引入一个惩罚机制。

● 无论是否多次下注，"压错"主链的用户都会受到惩罚。

除此之外，还有其他一些解决办法。例如，Peercoin 在 PoS 共识基础上还综合使用了 PoW 来控制提案的发送；NXT 的方式是不引入挖矿机制，所有的 NXT 一次性创建在创世区块中，通过公式确定未来的区块由哪个节点来生成，也同样通过利益博弈来引导节点不去作恶。

② 长程攻击（Long Range Attack）

在 PoS 链上线的早期，很有可能有一小部分矿工持有了大部分的通证，那么在未来的某个时候掌握了早期通证的这个或这些人会重新分叉一个新链出来实现双花攻击，而且这个新链接下来的很多区块挖矿收益仍然由这些作恶矿工所掌握。

在 PoS 的共识机制下这种攻击从理论上来看很难避免。不过还是有些办法可以限制这类攻击的产生，目前更多的是采用一种偏向于中心化的方式来锚定一个主链。

例如，Peercoin 每天都会公布其公认的主链哈希，从而避免这个时间检查点以前的长程攻击；Casper 可能会用一些可信节点来公布这个哈希；而 NXT 是将当前 720 个区块以前的交易内容认定为不可修改。

## 6.4　DPoS

代理权益证明

DPoS（代理权益证明）指通证持有者以投票等方式选出自己支持的代表，并由这些代表组成的见证人网络通过 BFT 方式进行公示。例如，EOS 区块链通过用户投票产生 21 个可出块的"超级节点"，以 BFT 方式共识后轮流出块，对不超过总数 1/3 的"超级节点"可以容错。基于该类共识协议的平台性能较高，且不需要竞争挖矿等，可以支撑较高的交易处理速度。但它的缺点是略微中心化，严格来说，只有可以出块的超级节点能参与共识。而代理投票带来的一些马太效应使得后续参与者较难再成为超级节点，高性能带来的账本数据的迅速增加也进一步导致后续参与者想成为全节点存在不小困难。因此，有不少人质疑这种共识机制的开放程度。

## 6.5　PBFT

拜占庭容错

对 BFT 协议最为经典的改进主要是以 PBFT（实用拜占庭容错）为代表的基于节点协约一致性的方法。该类协议通常会有一个主节点作为网络的枢轴。与其他节点相比，主节点在共识过程中会发挥最主要的作用，但通常也会成为系统性能的瓶颈。因为主节点需要将客户端发来的请求排序后，再发送给所有的备份节点。所有节点通过互相通信后达成一致，来实现安全性（Safety）；大多数协议中的所有节点也会向客户端回复响应，以实现活性（Liveness）。该类协议通常需要 3f+1 个节点来实现对 f 个拜占庭节点的容错。

图 6-2 展示了正常情况下的 PBFT 的消息传播过程。

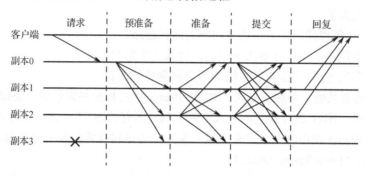

图 6-2 正常情况下的 PBFT 的消息传播过程

将 PBFT 的共识过程分为 5 个阶段（如果不算与客户端交互的阶段，则可视为 3 个阶段），具体内容如下。

（1）REQUEST 阶段：指客户端发送信息。

（2）PRE-PREPARE 阶段：指主节点接到消息对其签名并分配一个唯一的序号 n，并将该消息发送给其他节点。

（3）PREPARE 阶段：指所有备份节点都收到主节点发来的 PRE-PREPARE 消息后，将一个包含当前视图号 V、消息序号 n、消息摘要的 PREPARE 信息发给所有其他节点。如果节点收到了 2f 个以上的 PREPARE 消息后，则进入下一阶段且该消息处于 Prepared 状态。

（4）COMMIT 阶段：指每个节点广播一个保护当前视图号 V、消息序号 n 的 COMMIT 消息。当节点收到 2f 个相同的 COMMIT 消息时，并且小于序号 n 的消息都已被执行，那么当前消息会被执行并被标记为 Committed 状态。

（5）REPLY 阶段：指所有节点都将执行结果返回给客户端。

除以上阶段外，PBFT 共识过程中还涉及以下重要概念。

（1）水位：每个节点在运行协议时都会设置一个处理消息的窗口，消息序号只有在这个区间内时才会被处理，如最小序号为 h、最大序号为 H。

（2）检查点（Checkpoint）：在运行提交过程中，所有处于已准备好（Prepared）和已提交状态（Committed）的信息都会被记录在内存中。节点会定期（每执行 k 个请求后）记录一个稳定的检查点，并截断记录，即每执行 k 个请求后，都会将水位 h 和 H 提高 k 个单位。

（3）视图切换（View Change）：当节点发现对某个消息的等待超过一定时间后，则认为是主节点失效，就会发送视图切换消息，并开始视图切换的过程。

（4）批量（Batch）：实际执行中会采用的一些优化改进技术，如批量方式，即实际程序并不是每次都对单个提交来运行协议，而是以集合形式同时在网络中处理，并通过设置批量大小的方式来控制处理消息的数量。

在设置了以上运行机制后，尽管消息的复杂度仍然较高，但 PBFT 已具备了实际运行的可行性。之后的许多 BFT 类协议均在 PBFT 基础上进行改进，并将 PBFT 作为研究对比的基准对象。

→ **学习项目**

## 6.6 项目1 PoW 共识算法的实践

我们知道,可以将区块链看成一本记录所有交易的分布式公开账簿,其网络中的每个参与者都把它看成一本所有权的权威记录。如果所有节点同时写入账本数据,那么数据则会不一致。因此,需要一种机制来保证区块链中的每个区块只能由一个节点来负责写入,如何选出写入账本数据的节点,这需要使用共识机制,让参与者按照某种秩序达成一致意见。

共识算法是所有区块链的基础,也是区块链最重要的组成部分。常见共识算法包括拜占庭共识算法系列 PBFT/DBFT 机制、工作量证明(PoW)机制、权益证明(PoS)机制、授权股权证明(DPoS)机制等。

由于比特币 BTC、以太坊 ETH 都采用 PoW 共识算法,因此本项目主要介绍 PoW 共识算法,以及如何最大限度上杜绝区块链中的不一致问题。

通过学习实践本项目,能够掌握 PoW 共识算法的工作原理及 PoW 共识算法的实现方式。

### 6.6.1 任务1 Go 语言运行环境部署

本任务主要学习 Go 语言运行环境部署。在学习本任务之前,我们要先了解 Go 语言基本语法知识、开源分布式版本控制系统 Git 的基本用法、接口测试工具 Postman 的工作原理等内容。

下载 go1.14.3windows、Sublime Text Build、Git-2.26.2、Postman-win64,如图 6-3 所示。

图 6-3　下载后的软件图标

安装 go1.14.3windows,双击图标,按提示操作,直到单击"Finish"按钮完成安装,如图 6-4 所示。

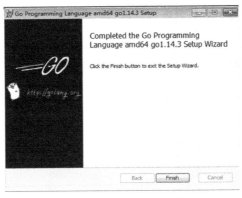

图 6-4　go1.14.3windows 安装示意

检查是否安装成功，使用 Windows 搜索功能，并输入"cmd"，如图 6-5 所示。在控制台输入"go version"查看版本号，如图 6-6 所示。

图 6-5　cmd 界面

图 6-6　查看版本号

安装 Sublime Text Build，双击图标，按提示操作，直到单击"Finish"按钮完成安装，如图 6-7 所示。

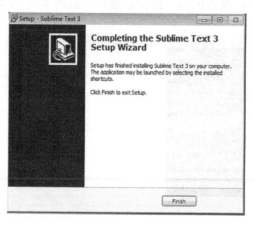

图 6-7　Sublime Text Build 安装示意

安装 Git-2.26.2，双击图标，按提示操作，直到单击"Finish"按钮完成，如图 6-8 所示。

图 6-8　Git-2.26.2 安装示意

配置 Git-2.26.2 环境变量，右击"我的电脑"，在快捷菜单中选择"属性"选项，如图 6-9 所示。

图 6-9　选择"属性"选项

在系统窗口中选择"高级系统设置"选项，如图 6-10 所示

图 6-10　选择"高级系统设置"选项

在弹出的"系统属性"对话框中，单击"环境变量"按钮，如图 6-11 所示。

图 6-11 "系统属性"对话框

在弹出的"环境变量"对话框中，单击"新建"按钮，如图 6-12 所示。

图 6-12 "环境变量"对话框

在弹出的"编辑系统变量"对话框中设置"变量名"和"变量值"，如图 6-13 所示。

图 6-13 "编辑系统变量"对话框

安装 Postman-win64，双击图标，按提示操作，直到完成，如图 6-14 所示。
安装本次实验需要的扩展包，打开 cmd，分别输入以下三行代码（已经完成）。

| | |
|---|---|
| go get github.com/davecgh/go-spew/spew | //安装变量数据结构调试扩展包 |
| go get github.com/gorilla/mux | //安装路由和分发扩展包 |
| go get github.com/joho/godotenv | //安装读取环境变量扩展包 |

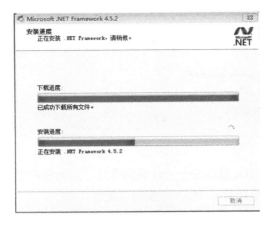

图 6-14　Postman-win64 安装示意

## 6.6.2　任务 2　PoW 共识算法编程的实现

本任务通过编写基于 PoW 共识算法的区块链工程，实现 PoW 共识算法。

（1）通过 Windows 的查找功能输入"sublime"并打开窗口。选择"File"→"New File"选项，创建一个新文件，暂时不用命名，如图 6-15 所示。

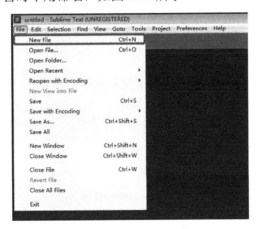

图 6-15　创建新文件

（2）引入本工程所需要的包——package main /*定义报名。package main 表示一个可独立执行的程序，每个 Go 应用程序都包含一个名为 main 的包 */。

```
import(                    //导入包的函数或其他元素
    "crypto/sha256"
    "encoding/hex"
    "encoding/json"
    "fmt"
    "io"
    "log"
    "net/http"
    "os"
    "strconv"
```

```
        "strings"
        "sync"
        "time"
        "github.com/davecgh/go-spew/spew"
        "github.com/gorilla/mux"
        "github.com/joho/godotenv"
)
```

其参数解释如下。

crypto/sha256 包：是 SHA 家族安全性较高的算法，因为它产生的 Hash 值为 64 位十六进制数，所以在 sha1 的基础上降低了 Hash 碰撞的可能性。

encoding/hex 包：实现了十六进制数字符表示的编解码。

encoding/json 包：实现了 JSON 对象的编解码。

fmt 包：实现了类似 C 语言 printf 和 scanf 的格式化 I/O。

io 包：提供 I/O 原语的基本接口，主要包装了这些原语的已有实现。

log 包：实现了日志存储、打印、转存功能。

net/http 包：包含 HTTP 客户端和服务端的实现。

os 包：实现了平台无关的接口。

strconv 包：实现了字符串与其他类型的转换。

strings 包：实现了字符串的基本操作。

sync 包：实现了基本的同步原语，如互斥锁。

time 包：实现了有关时间的基本操作。

github.com/davecgh/go-spew/spew：实现了变量数据结构调试。

github.com/gorilla/mux：实现了路由和分发。

github.com/joho/godotenv：实现从.env 加载环境变量。

定义区块结构体，传输数据的结构体的代码如下。

```
const difficulty = 1              //挖矿困难度
type Block struct   /*Block 结构体代表组成区块链每块的数据模型 */
{
        Index int                 //区块链中数据记录的位置
        Timestamp string          //区块创建的时间标识
        Bike int        /*若是一个共享单车的区块链，Bike 就是一定区域内的自行车数量*/
        Hash string               //区块哈希
        PrevHash string           //上一块的哈希
        Difficulty int            //挖矿困难度
        Nonce string              //PoW 中符合条件的数字
}                                 //创建区块结构体
var blockchain []Block            //存储有序的区块
type Message struct               //定义结构体，请求的数据
{
        Bike int
        BPM int                   //每分钟心跳数，也就是心率
}
var mutex = &sync.Mutex{}         //用 sync 防止同一时间产生多个区块
```

生成区块的函数编写如下。

```
func generateBlock(oldBlock Block, Bike int) Block {
//定义函数
var newBlock Block                          //新区块
t := time.Now()
    newBlock.Index = oldBlock.Index + 1     //区块的增加，Index 也+1
    newBlock.Timestamp = t.String()         //时间戳
    newBlock.Bike = Bike
    newBlock.PrevHash = oldBlock.Hash        //新区块的 PrevHash 存储上一个区块的 Hash
    newBlock.Difficulty = difficulty
    for i := 0; ; i++ {                      //通过循环改变 Nonce
    hex := fmt.Sprintf("%x", i)
        newBlock.Nonce = hex                 //选出符合难度系数的 Nonce
        if !isHashValid(calculateHash(newBlock), newBlock.Difficulty) {
        //判断 Hash 的 0 个数，是否与难度系数一致
            fmt.Println(calculateHash(newBlock), " do more work!")    //挖矿中
            time.Sleep(time.Second)
            continue
            } else {
            fmt.Println(calculateHash(newBlock), " work done!")    //挖矿成功
            newBlock.Hash = calculateHash(newBlock)
            break
        }
        }
    return newBlock
}
```

其中，Index 是从给定的前一块 Index 递增得出的，时间戳是直接通过 time.Now()获得的，PrevHash 则是给定的前一个块的 Hash 值。

接着定义之前提到的 isHashValid()，它的作用是判断 Hash 的 0 个数，是否与难度系数一致。

```
func isHashValid(hash string, difficulty int) bool {
prefix := strings.Repeat("0", difficulty)
/*复制 difficulty 个 0，并返回新字符串，当 difficulty 为 4 时，则 prefix 为 0000 */
return strings.HasPrefix(hash, prefix)    //判断字符串 Hash 是否包含前缀 prefix
}
开始生成 Hash 值
func calculateHash(block Block) string {
    record:=strconv.Itoa(block.Index)+ block.Timestamp+strconv.Itoa(block.Bike)+block.PrevHash + block.
Nonce
    h := sha256.New()
    h.Write([]byte(record))
    hashed := h.Sum(nil)
    return hex.EncodeToString(hashed)
}
```

Hash 值生成之后，我们就要来验证区块了，定义一个 isBlockValid()。

```
func isBlockValid(newBlock, oldBlock Block) bool {
    if oldBlock.Index+1 != newBlock.Index {
    return false          //确认 Index 的增长正确
    }
    if oldBlock.Hash != newBlock.PrevHash {
    return false          //确认 PrevHash 与前一个块的 Hash 相同
    }
    if calculateHash(newBlock) != newBlock.Hash {
    //在当前块上 calculateHash 再次运行该函数来检查当前块的 Hash
        return false
        }
    return true
}
```

下面定义 Web 服务器。

```
func run() error {                //run()作为启动 HTTP 服务器的函数
mux := makeMuxRouter()     //makeMuxRouter 用于定义路由处理
httpAddr := os.Getenv("ADDR")
log.Println("Listening on ", os.Getenv("ADDR"))
    s:= &http.Server{
    Addr: ":" + httpAddr,
    Handler: mux,
    ReadTimeout: 10 * time.Second,
    WriteTimeout: 10 * time.Second,
    MaxHeaderBytes: 1 << 20,
    }
    if err := s.ListenAndServe(); err != nil {
    return err
        }
    return nil
}
func makeMuxRouter() http.Handler {
    muxRouter := mux.NewRouter()
    muxRouter.HandleFunc("/", handleGetblockchain).Methods("GET")
    //当收到 GET 请求时，调用 handleGetblockchain()
    muxRouter.HandleFunc("/", handleWriteBlock).Methods("POST")
    //当收到 POST 请求时，调用 handleWriteBlock()
    return muxRouter
}
```

通过对服务器进行遍历，可以获取所有区块的列表信息，其主要作用是处理 HTTP 的 GET
请求。

```
func handleGetblockchain(w http.ResponseWriter, r *http.Request) {
//处理 HTTP 的 GET 请求
bytes, err := json.MarshalIndent(blockchain, "", " ")
    if err != nil {
    http.Error(w, err.Error(), http.StatusInternalServerError)
    return
```

```
    }
    io.WriteString(w, string(bytes))
}
```

handleWriteBlock 可生成新的区块，并处理 HTTP 的 GET 请求。

```
func handleWriteBlock(w http.ResponseWriter, r *http.Request) {
    w.Header().Set("Content-Type", "application/json")
    var m Message        //若服务器出现错误，则返回相应信息
    decoder := json.NewDecoder(r.Body)
    if err := decoder.Decode(&m); err != nil {
        respondWithJSON(w, r, http.StatusBadRequest, r.Body)
        return
        }
    defer r.Body.Close()
    mutex.Lock()     //产生区块
    newBlock := generateBlock(blockchain[len(Blockchain)-1],m.BPM)
    mutex.Unlock()     //判断区块的合法性
    if isBlockValid(newBlock, blockchain[len(Blockchain)-1]) {
    //通过数组维护区块链
    blockchain = append(blockchain, newBlock)
        spew.Dump(blockchain)
        }
    respondWithJSON(w, r, http.StatusCreated, newBlock)
}
```

处理错误的部分也需要进行额外编程。

```
func respondWithJSON(w http.ResponseWriter, r *http.Request, code int, payload interface{}) {
    w.Header().Set("Content-Type", "application/json")
    response, err := json.MarshalIndent(payload, "", " ")
    if err != nil {
        w.WriteHeader(http.StatusInternalServerError)
        w.Write([]byte("HTTP 500: Internal Server Error"))
        return   //如果出错，则返回服务器 500 错误
        }
    w.WriteHeader(code)
    w.Write(response)
}
```

编写主函数。

```
func main() {
    err := godotenv.Load()     //允许读取.env
    if err != nil {
        log.Fatal(err)
        }
    go func() {
        t := time.Now()
        genesisBlock := Block{}     //创世区块
```

```
        genesisBlock = Block{0, t.String(), 0, calculateHash(genesisBlock), "", difficulty, ""}
        spew.Dump(genesisBlock)
        mutex.Lock()
        blockchain = append(blockchain, genesisBlock)
        mutex.Unlock() }()
    log.Fatal(run())                //启动 Web 服务
}
```

（3）新建文件夹名称为 first，将文件保存到该文件夹内，并命名为 main.go，如图 6-16 所示。

图 6-16　保存 main.go 文件

在 first 文件夹中，新建一个 txt 文档命名为.env，在文档里输入 ADDR=8080，并保存，如图 6-17 所示。

图 6-17　保存.env 文件

按照图 6-18 的方式对.env 文件进行改名，如图 6-18 所示。

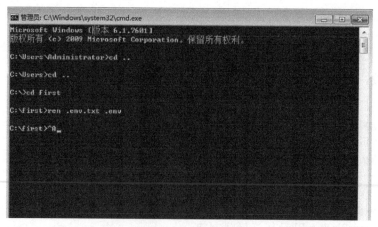

图 6-18　命名.env 文件

```
cd ...
cd ...
cd first
ren .env.txt .env
```

（4）测试项目运行是否成功。

按照图 6-19 进行输入，运行 main.go 程序。

```
cd ...
cd ...
cd first
go run main.go
```

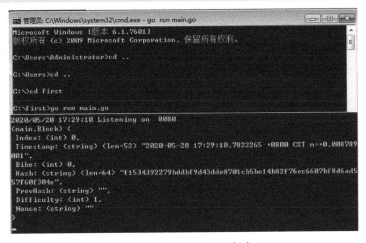

图 6-19 运行 main.go 程序

打开 Postman 界面，如图 6-20 所示。

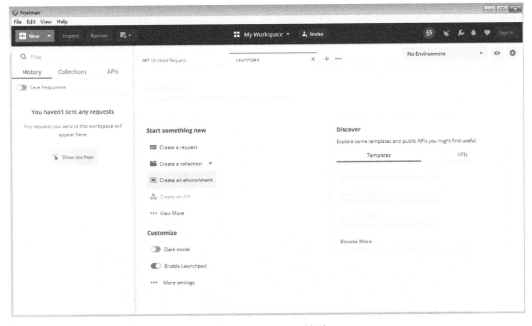

图 6-20 Postman 界面

单击"+"按钮，选择"POST"选项，输入"localhost:8080"，单击"Send"按钮，如图 6-21 所示。

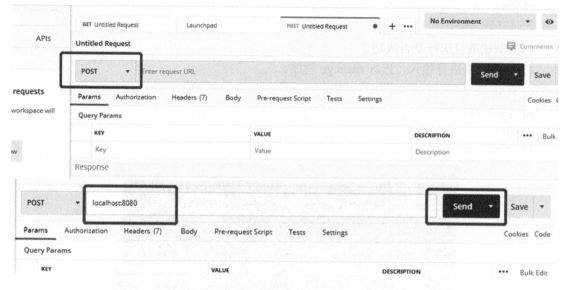

图 6-21　发送 POST 请求

在弹出的界面中，单击"Body"按钮，选中"raw"单选项，按照图中输入相应的代码，并且再次单击"Send"按钮，如图 6-22 所示。

图 6-22　输入 Body 信息

返回 cmd 查看，如图 6-23 所示，发现其内容已出现了变换，因为第一个区块链已被挖出。

```
(main.Block) {
 Index: (int) 0,
 Timestamp: (string) (len=52) "2020-05-20 17:29:10.7822265 +0800 CST m=+0.00878
9001",
 Bike: (int) 0,
 Hash: (string) (len=64) "f1534392279bddbf9d43dde8701cb5be14b82f76ec6607bf8d6ad
557f60f304e",
 PrevHash: (string) "",
 Difficulty: (int) 1,
 Nonce: (string) ""
},
(main.Block) {
 Index: (int) 1,
 Timestamp: (string) (len=55) "2020-05-20 17:49:28.8261718 +0800 CST m=+1218.05
2734301",
 Bike: (int) 0,
 Hash: (string) (len=64) "0c20d6e9aadd4e0d61e51ad6920a889594cf805dfd7134ce46d69
4b78319511c",
 PrevHash: (string) (len=64) "f1534392279bddbf9d43dde8701cb5be14b82f76ec6607bf8
d6ad557f60f304e",
 Difficulty: (int) 1,
 Nonce: (string) (len=2) "15"
}
)
```

图 6-23　区块链被挖出

返回 Postman 界面，将参数从 100 改成 120，再次单击"Send"按钮，可以生成更多的区块链，如图 6-24 所示，说明实验成功。

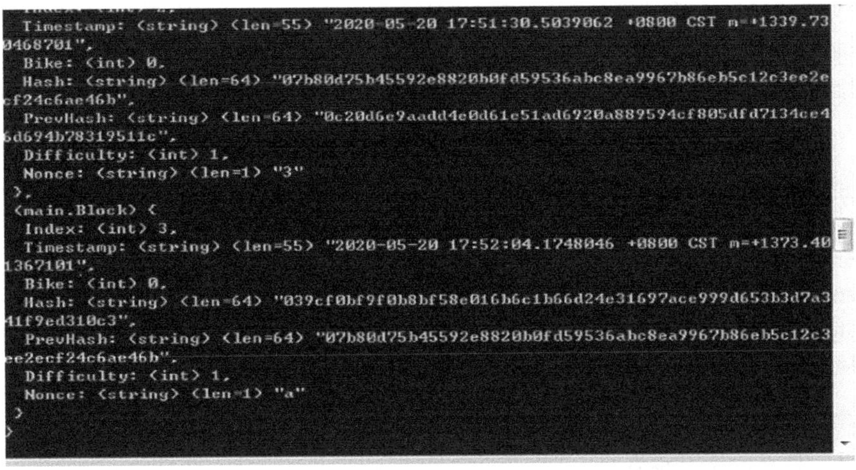

图 6-24　生成更多区块链

（5）任务总结。

设计区块链账本时，同一个时间段就会有很多节点记录自己的账本，这时数据一定是不一致的。为了能形成一致性的区块链账本，每次只允许生成一个区块，这就需要使用共识机制。

这里我们使用一个共享单车区块链项目，利用 Go 语言实现 PoW 共识算法。通过计算一个数值，使得交易数据的 Hash 值满足规定的上限。在节点成功找到满足规定的 Hash 值后，会马上对全网进行广播打包区块，网络的节点收到后，便会对其进行验证。

如果验证通过，则表明已经有节点成功解谜，自己就不再竞争当前区块打包，而是选择接受这个区块，记录到自己的账本中，然后进行下一个区块的竞争猜谜。网络中只有最快解谜的区块，才会被添加到账本中，其他的节点进行复制，这样就保证了整个账本的唯一性。

假如节点有任何的作弊行为，都会导致网络的节点验证不通过。直接丢弃其打包的区块，这个区块就无法记录到总账本中，作弊的节点耗费的成本就白费了。因此在巨大的挖矿成本下，也使得矿工自觉自愿地遵守比特币系统的共识协议，从而确保了整个系统的安全。

上述就是 PoW 共识机制的实现原理。在之后的项目中，我们将会进一步实践区块链的其他核心技术。

## 6.7　项目 2　挖矿算法与难度调整

### 任务　Python 实现区块链挖矿与难度调整

我们知道比特币的总量是 2100 万个，但是现在已发行的比特币还远未达到上限。那比特币是如何发行的呢？矿工通过算法来解决一个谜题，首先解决谜题的矿工会获得大量比特币奖励，那么这个过程是如何进行的呢？下面我们就要模拟挖矿过程，并对其难度进行调整，体会比特币系统是如何将出块时间控制在 10 分钟的。

本次任务主要是了解比特币的挖矿过程，学习"工作量证明"（PoW）的执行过程，以及挖矿的难度调整。

（1）建立一个文件夹名为 Block Mining，其中有一个 python 文件名为 Merkle_Tree.py，由于在前面实验中，我们做过 Merkle 树的内容，这里可直接将其下方代码复制到 python 文件中，保存后以待后续其他 python 文件引用使用（注意 Merkle_Tree.py 一定要放在 Block Mining 文件夹中）。

```python
# -*- coding:utf-8 -*-        #用于使用中文字符
import hashlib        #用于哈希运算
import random        #用于随机数生成
class Merkle_Tree:        #声明 Merkle_Tree 类
    def __init__(self, data_list):        #声明类的初始化函数，传入的参数除自带的 self 外，还有包括本区块所有交易数据的 data_list，以列表形式表示
        self.data_list = data_list        #类的 data_list 域被初始化为传入的 data_list 参数，注意，这是两个 data_list，一个是类内的数据，另一个是初始化传入的参数
        self._merkle_tree = dict()
        self.hash_list = self.list_hashing(data_list)        #将所有数据转变为 Hash 值，并且依然按照原顺序排列为列表
        (self.hash_list, self.layer_length) = self.generate(self.hash_list)        #把所有 Hash 值按照 Merkle 树生成规则生成树
        self.merkle_root = self.hash_list["layer_{}".format(len(self.hash_list) - 1)]        #将 Merkle 树的根节点记录下来，也就是最高一层的 Hash 值
    def list_hashing(self, data_list):        #声明 list_hashing 函数，传入的参数除自带的 self 外，还包括本区块所有交易数据的 data_list，以列表形式表示
        result_hash_list = list()        #声明输出结果变量，将其定义为一个列表
        for data in data_list:        #对于每个在数据列表中的数据，都将其进行循环，以待后续进行 Hash 函数操作
            sha_256 = hashlib.sha256()        #声明一个 Hashlib 库中的 SHA256 函数
            sha_256.update(str(data).encode('utf-8'))        #将当前数据输入 SHA256 函数中
            result_hash_list.append(sha_256.hexdigest())        #将 SHA256 函数的输出转变为十六进制摘要，并加入结果 Hash 列表当中
        return result_hash_list        #返回结果是一个 Hash 列表
    def catenate_hash(self, data1, data2):        #定义 catenate_hash 函数，传入的参数包括两个数据，输出的结果分别为哈希后的拼接
        sha_256 = hashlib.sha256()        #声明一个 Hashlib 库中的 SHA256 函数
        sha_256.update(data1.encode("utf-8"))        #将第 1 个数据输入 SHA256 函数中
        sha_256.update(data2.encode("utf-8"))        #将第 2 个数据拼接到第 1 个数据后面输入的 SHA256 函数中
        return sha_256.hexdigest()        #返回两个数据拼接在一起后的 SHA256 函数输出
    def generate(self, data_list):        #定义 generate 函数，参数包括本区块全部交易数据
        isOdd = True        #定义一个变量来表示数据数量是否为奇数，先默认为奇数
        if len(data_list) % 2 == 0:        #如果数据数量为偶数，则将标记变量置为偶数
            isOdd = False
        pair_num = int(len(data_list) / 2)        #记录一共有多少对数据要两两哈希后进入下一层。如果交易数据是偶数个，则一共是 pair_num 对；如果交易数据是奇数个，则一共是 pair_num 对加上一个落单的交易数据
        mt = dict()        #将 Merkle 树定义为字典数据结构
        layer_count = 0        #记录 Merkle 树一共有多少层
```

```
                layer_list = list()    #定义一个列表，用于记录"本层 Merkle 树中的内容"
                layer_length = list()    #定义一个列表，用于记录每层 Merkle 树的内容长度
                while len(layer_list) >= 1 or layer_count == 0:    #如果第一次进入此循环，或者本层的
Merkle 树内容长度大于或等于 1（也就是本层还有内容），则继续循环；否则，停止循环
                    if layer_count == 0:    #如果第一次进入此循环，则将本区块所有原始交易数据直接赋
给"本层 Merkle 树内容"变量
                        layer_list = data_list
                    mt["layer_{}".format(layer_count)] = layer_list    #将 Merkle 树的第 0、1、2…层内容
分别记录下来（通过每层循环到此位置时）
                    layer_length.append(len(layer_list))    #将 Merkle 树的每层内容长度也都记录下来
                    layer_count += 1    #将 Merkle 树层数加 1
                    if len(layer_list) == 1:    #如果"本层 Merkle 树内容"长度只有 1，则表示 Merkle 树
已经建立完成，可以退出循环了。长度 1 的内容就是 Merkle 树的根
                        break
                    next_layer_list = list()    #定义"接下来一层 Merkle 树内容"变量，是一个列表
                    for i in range(pair_num):    #对于本层每对内容，都进行一次循环
                        next_layer_list.append(self.catenate_hash(layer_list[2 * i], layer_list[2 * i + 1]))    #将
本层所有成对的内容都进行拼接后，再进行哈希函数操作
                    if isOdd == True:    #如果存在落单的本层内容，那么将与自身配对哈希
                        next_layer_list.append(self.catenate_hash(layer_list[-1], layer_list[-1]))
                    layer_list = next_layer_list    #将"接下来一层的 Merkle 树内容"赋给"本层的 Merkle
树内容"，准备进入下一层循环
                    isOdd = True    #默认为奇数个内容
                    if len(layer_list) % 2 == 0:    #如果下一层为偶数个内容，则标记为偶数
                        isOdd = False
                    pair_num = int(len(layer_list) / 2)    #预先计算好下一层有多少个内容对
                return mt, layer_length    #返回 Merkle 树和每层的长度


print("【Merkle 树测试】")    #开始进行 Merkle 树测试
data_count = random.randint(8,20)    #随机生成交易数据的个数，如 8~20 个
data = list()    #声明交易数据变量，它是一个列表
for i in range(data_count):    #针对每一个交易数据
    data.append("交易_{}".format(random.randint(0,200)))    #随机生成一个 0~200 的随机数 X，叫
"交易_X"，写入这个交易数据的内容
print("本区块中原始共{}个交易数据：".format(len(data)))    #输出本区块有多少个交易数据
print(data)    #输出所有的交易数据
mt = Merkle_Tree(data)    #声明一个 Merkle_Tree 类变量 mt，使用 data 对此变量进行初始化
print("Merkle 树: ", mt.hash_list)    #输出 Merkle 树的哈希值列表，里面有每层的哈希值信息
layer_count = len(mt.hash_list)    #记录 Merkle 树一共有多少层
print("Merkle Tree 层数为：{}".format(str(layer_count)))    #输出 Merkle 树的层数
print("Merkle Tree 各层节点数为：",mt.layer_length)    #输出 Merkle 树每层的节点数
print("Merkle Tree 的 Top Hash 节点值: {}".format(str(mt.hash_list["layer_{}".format (str(layer_count-
1))])))    #输出 Merkle 树根节点的哈希值
```

（2）在 Block Mining 文件夹中，建立一个 python 文件，名为 block.py，并引入相关包。

```
# -*- coding:utf-8 -*-    #用于使用中文字符
import hashlib    #用于使用哈希函数
import uuid    #用于通用唯一识别码
```

```
import random    #用于生成随机数
import time      #用于统计程序时间
from Merkle_Tree import *    #引用 Merkle_Tree 文件中的类
```

（3）定义 Block 类，用于模拟区块。先要定义初始化函数。

```
class Block(object):    #定义 Block 类，参数为 object
    def __init__(self, data = None, previous_hash = None):    #定义初始化函数,输入参数为所有交易
数据和前一个区块的哈希值
        self.identifier = uuid.uuid4().hex    #产生唯一标识，使用十六进制数表示
        self.nonce = None    #随机数 Nonce，用于挖矿
        self.data = data    #区块所有交易的内容
        self.timestamp = str(time.time())    #区块标识时间戳
        self.ver = "1.0"    #区块链版本号，这里定义为"1.0 版本"
        self.random_num = random.randint(1000,2000)    #区块头随机数
        self.previous_hash = previous_hash    #前一个区块的哈希值
        if isinstance(data, list):    #如果交易数据非空
            self.mt = Merkle_Tree(data)    #将 Merkle 树使用本区块的所有交易数据更新一遍
            self.merkle_root = str(self.mt.merkle_root)    #区块 Merkle 树的根节点更新
        else:    #如果交易数据数量为 0
            self.mt = list()    #自定义一个空列表
            self.merkle_root = "None"    #区块 Merkle 树的根节点定义为空
```

（4）定义 Hash 函数，用于将区块的信息拼接在一起后进行哈希操作，生成哈希值。

```
def hash(self, nonce = None):    #定义 Hash 函数，参数为随机数 Nonce
    sha_256 = hashlib.sha256()    #定义哈希函数为 SHA256
    sha_256.update(str(self.previous_hash).encode('utf-8'))    #拼接前一个区块的哈希值
    sha_256.update(self.ver.encode('utf-8'))    #拼接区块链版本号
    sha_256.update(self.timestamp.encode('utf-8'))    #拼接时间戳
    sha_256.update(self.identifier.encode('utf-8'))    #拼接唯一标识
    sha_256.update(str(nonce).encode('utf-8'))    #拼接随机数 Nonce
    sha_256.update(str(self.random_num).encode('utf-8'))    #拼接区块头随机数
    sha_256.update(str(self.merkle_root).encode('utf-8'))    #拼接 Merkle 树的根
    return sha_256.hexdigest()    #输入拼接后的 SHA-256 哈希值
```

（5）定义判断挖矿成功与否的函数，以及挖矿函数。

```
def hash_is_valid(self, the_hash):    #定义判断哈希值是否满足挖矿条件的函数
    return the_hash.startswith('0000')    #如果哈希值前面满足"0"的个数要求（也就是小于或等于某个值），
那么这个哈希值就是要找的
    def __str__(self):
        return 'Block<Hash: {}, Nonce: {}>'.format(self.hash(self.nonce), self.nonce)
    def __repr__(self):    #输出本区块信息介绍
        return 'Block<Hash: {}, Nonce: {}>'.format(self.hash(self.nonce), self.nonce)
    def mine(self):    #定义挖矿函数
        cur_nonce = self.nonce or 0    #初始化 Nonce 为 0
        while True:    #循环直到生成一个有效的哈希值
            the_hash = self.hash(nonce = cur_nonce)    #计算当前随机数 Nonce 的哈希值
            if self.hash_is_valid(the_hash):    #如果生成的哈希值合法
```

```
            self.nonce = cur_nonce      #保存当前 Nonce 值
            break       #退出
        else:       #如果当前哈希值不合法，则更新 Nonce 值
            cur_nonce += 1      #若当前哈希值无效，更新 Nonce 值，并进行加 1 操作
```

（6）完成 block.py 文件，整体代码如下。

```python
# -*- coding:utf-8 -*-        #用于使用中文字符
import hashlib        #用于使用哈希函数
import uuid        #用于通用唯一识别码
import random        #用于生成随机数
import time        #用于统计程序时间
from Merkle_Tree import *        #引用 Merkle_Tree 文件中的类
class Block(object):        #定义 Block 类，参数为 object
    def __init__(self, data = None, previous_hash = None):        #定义初始化函数,输入参数为所有交易
数据和前一个区块的哈希值
        self.identifier = uuid.uuid4().hex        #产生唯一标识，使用十六进制数表示
        self.nonce = None        #随机数 Nonce，用于挖矿
        self.data = data        #区块所有交易的内容
        self.timestamp = str(time.time())        #区块标识时间戳
        self.ver = "1.0"        #区块链版本号，这里定义为 "1.0 版本"
        self.random_num = random.randint(1000,2000)        #区块头随机数
        self.previous_hash = previous_hash        #前一个区块的哈希值
        if isinstance(data, list):        #如果交易数据非空
            self.mt = Merkle_Tree(data)        #将 Merkle 树使用本区块所有交易数据更新一遍
            self.merkle_root = str(self.mt.merkle_root)        #区块 Merkle 树的根节点更新
        elsc:        #如果交易数据数量为 0
            self.mt = list()        #那么自定义一个空列表
            self.merkle_root = "None"        #区块 Merkle 树的根节点定义为空
    def hash(self, nonce = None):        #定义 Hash 函数，参数为随机数 Nonce
        sha_256 = hashlib.sha256()        #定义哈希函数为 SHA256
        sha_256.update(str(self.previous_hash).encode('utf-8'))        #拼接前一个区块的哈希值
        sha_256.update(self.ver.encode('utf-8'))        #拼接区块链版本号
        sha_256.update(self.timestamp.encode('utf-8'))        #拼接时间戳
        sha_256.update(self.identifier.encode('utf-8'))        #拼接唯一标识
        sha_256.update(str(nonce).encode('utf-8'))        #拼接随机数 Nonce
        sha_256.update(str(self.random_num).encode('utf-8'))        #拼接区块头随机数
        sha_256.update(str(self.merkle_root).encode('utf-8'))        #拼接 Merkle 树的根
        return sha_256.hexdigest()        #输入拼接后的 SHA256 哈希值
    def hash_is_valid(self, the_hash):        #定义判断哈希值是否满足挖矿条件的函数
        return the_hash.startswith('0000')        #如果哈希值前面满足 "0" 的个数要求（也就是小于或
等于某个值），那么这个哈希值就是要找的
    def __str__(self):
        return 'Block<Hash: {}, Nonce: {}>'.format(self.hash(self.nonce), self.nonce)
    def __repr__(self):
        return 'Block<Hash: {}, Nonce: {}>'.format(self.hash(self.nonce), self.nonce)
    def mine(self):        #定义挖矿函数
        cur_nonce = self.nonce or 0        #初始化 Nonce 为 0
        while True:        #循环直到生成一个有效的哈希值
```

```
        the_hash = self.hash(nonce = cur_nonce)    #计算当前随机数 Nonce 的哈希值
            if self.hash_is_valid(the_hash):    #如果生成的哈希值合法
                self.nonce = cur_nonce    #保存当前 Nonce 值
                break    #退出
            else:    #如果当前哈希值不合法, 则更新 Nonce 值
                cur_nonce += 1    #若当前哈希值无效, 更新 Nonce 值, 进行加 1 操作
```

（7）在 Block Mining 文件夹中建立一个 python 文件, 名为 blockchain.py, 定义 Blockchain 类。

```
# -*- coding:utf-8 -*-    #允许中文格式
class blockchain(object):    #定义 Blockchain 类, 使用 object 作为参数
    def __init__(self):    #定义初始化函数
        self.head = None    #指向最新的一个区块
        self.blocks = {}    #包含所有区块的一个字典
```

（8）定义 add_block 函数, 以及两个输出函数。

```
def add_block(self, new_block):    #定义添加区块的函数, 参数为新区块
    previous_hash = self.head.hash(self.head.nonce) if self.head else None    #将现在 head 域中标记的
内容取哈希后, 算出前一个区块的哈希值
    new_block.previous_hash = previous_hash    #新区块的"前一个区块的哈希值"域赋值
    self.blocks[new_block.identifier] = {    #根据区块的唯一标识将 block 填充
        'block': new_block,    #新区块的内容
        'previous_hash': previous_hash,    #前一个区块的哈希值
        'previous': self.head,    #前一个区块的内容
    }
    self.head = new_block    #head 更新为新区块
    def __repr__(self):    #输出格式定义
    num_existing_blocks = len(self.blocks)
    return 'blockchain<{} Blocks, Head: {}>'.format(
        num_existing_blocks,
        self.head.identifier if self.head else None
    )
    def __str__(self):    #输出格式定义
    num_existing_blocks = len(self.blocks)
    return 'blockchain<{} Blocks, Head: {}>'.format(
        num_existing_blocks,
        self.head.identifier if self.head else None
    )
```

（9）在 Block Mining 文件夹中建立一个 python 文件, 名为 main.py, 引入一些依赖项。

```
# -*- coding:utf-8 -*-    #允许中文格式
from block import *    #引入 block.py 的全部内容
from blockchain import *    #引入 blockchain.py 的全部内容
from Merkle_Tree import *    #引入 Merkle_Tree.py 的全部内容
import random    #引入随机数包
```

（10）定义主函数 main, 进行测试。

```
def main():    #定义主函数
print("【先生成 3 个区块组成区块链, 体会一下 PoW 挖矿过程】")    #先生成 3 个区块组成区块链,
```

体会一下 PoW 挖矿过程

```
block = Block('0')        #定义一个区块，object 为 0（可以自由定义）
print("Block(0): " + str(block))        #输出 block 取了某个随机数 Nonce 后哈希的值和那个 Nonce 值
print("block.hash_is_valid(block.hash()): " + str(block.hash_is_valid(block.hash())))        #输出是否
```
满足 PoW 挖矿难度要求，需要小于某个值，否则输出 False
```
print("block.hash(1): " + str(block.hash(1)))        #把 1 作为 Nonce 试一下
print("block.hash(2): " + str(block.hash(2)))        #把 2 作为 Nonce 试一下
block.mine()        #开始正式挖矿，尝试不同的 Nonce 值
print("block.mine(): " + str(block))        #挖到矿时输出此时满足条件的哈希值和那个 Nonce 值
print("block.identifier: " + str(block.identifier))        #输出本区块对应的通用唯一标识码
print("至此已经生成了一个有效的 block")        #至此已经生成了一个有效的 block
chain = blockchain()        #建立一条区块链
print("blockchain(): " + str(chain))        #输出 blockchain 的信息，应该是 0 个区块（因为还没有把
```
区块接上去），区块链的结尾指针为 none
```
chain.add_block(block)        #将这个区块接到区块链上
print("chain.add_block(block): " + str(chain))        #输出 blockchain 的信息，应该是 1 个区块，区块
```
链的结尾指针不为空
```
print("区块链已添加了刚刚挖出来的有效 block\n\n【接下来再连续挖掘 2 个区块】")        #区块
```
链已添加了刚刚挖出来的有效 block，接下来再连续挖掘 2 个区块
```
for i in range(2):        #循环两次
    new_block = Block(i)        #定义新的区块
    new_block.mine()        #PoW 挖矿
    print("挖出第{}个有效区块！".format(str(i+1)))        #输出挖出区块的信息
    print("new_block.identifier " + str(i) + ": " + str(new_block.identifier))        #输出新区块的唯一
```
标识符
```
    print("new_block.hash: " + str(new_block.hash(new_block.nonce)))        #输出新区块的哈希值
    chain.add_block(new_block)        #将新区块添加到区块链上
    print("chain.add_block(new_block): " + str(chain))        #输出当前区块链信息，如有几个区块，
```
区块链结尾指针是什么

```
print("\n【Merkle Tree 和区块链一起测试】")        #Merkle Tree 和区块链一起测试
for i in range(2):        #循环两次
    node_count = random.randint(8, 20)        #生成 8～20 个节点，数目随机，作为 data 的个数
    data = list()        #定义 data 列表
    for x in range(node_count):        #对于每个节点
        data.append("交易_{}".format(random.randint(0, 200)))        #赋予这个节点一个"交易_X"
```
的内容，X 为 0～200 的随机数
```
    new_block = Block(data = data)        #将这些数据一起赋予一个区块
    new_block.mine()        #PoW 挖矿
    print("挖出第{}个有效区块！".format(str(i+1)))        #输出挖出区块的信息
    print("new_block.identifier " + str(i) + ": " + str(new_block.identifier))        #输出新区块的唯一
```
标识符
```
    print("new_block.hash: " + str(new_block.hash(new_block.nonce)))        #输出新区块的哈希值
    print("new_block.merkle_root: " + str(new_block.merkle_root))        #输出新区块的 Merkle 根
    chain.add_block(new_block)        #在区块链上加上这个区块
    print("chain.add_block(new_block): " + str(chain))        #输出区块链信息，将第 4 个和第 5 个
```
区块添加到区块链上

（11）执行主函数。

```
if __name__ == "__main__":      #执行主函数
    main()
```

（12）结果具有一定的随机性，不需要完全一样，只需保证生成 5 个区块即可。如果需要调整难度，只需将 block.py 的"0000"改为对应难度的"0"的个数，其数量越多则越难。

Merkle 树测试

本区块中原始交易数据共 18 个：

['交易_118', '交易_126', '交易_44', '交易_183', '交易_24', '交易_46', '交易_89', '交易_18', '交易_5', '交易_163', '交易_143', '交易_132', '交易_80', '交易_103', '交易_91', '交易_77', '交易_109', '交易_64']

Merkle 树:   {'layer_0': ['b903a7c9eb57349d81a8c8fb1370f2f008f86400a685b28b75b317e7fa9f1840',
'c9fd7b542137eed5079011b21c9fdde23816c36c5d700876d06ee1305a373894',
'5d7e94e0be3b373730e2638b9fcf3e449ecec2cc961b0be2b57a63cf91b072f8',
'31b7a16bb0a50fe27416e9052f2b2ef1fff069ee8657d8f3d37d5a55cede0ebf',
'48c6b87da83006a5bb80e6a6d3d64d1110a0c5a6958e8ab435ad4bac5dc1752a',
'b889a4af4f47fe92c8713c221ad628010e2b75390b4a31672d0c65580dc47da7',
'9a4995db6c1159ecbfd04c3907f8d6512e113e70c11658e107cc11ecca6987d8',
'7e9e9e2623643879b3d89c553b9ad021875e452826abf2ac2285f9b205b294fa',
'578d4613ff006f98e8a8876525882c427355131a17acca3086205e90a662084f',
'da966e0c8810a7bc56cffa890e4bd97681ef4525c3923e4a75fdbf3355c5c2de',
'f7946e10a82829ea52c2e4e4221a1be044fa3d82e1dcf9589722e2c2930ec440',
'c78501499fef82458a1f1adcc5675f1ff1261e0176b295b1166a8583bc90d299',
'99a9e05541b57cfe0a7779651fb23e7ac7dd10d9ce041004b152c30dee717af2',
'1f737568caa83889ded88bf85f463f783071abb1e4e0db77bc3d60a7406bad36',
'01d8b5e5b0d788889464155a7253aea5765f06fa736a4242e283d6f3eef497f4',
'f3744dc368d00e5e545115320f55f47438ca2061c974e5d29b022fe3cf480886',
'97a0addda80cc1c246d50392ce1dc846478ed160d773c5e2b6c91f6bc75265f8',
'1fac443b7a51a8451a170c29761a9ec00784c32d353400e5df4765965cd4fee2'],
'layer_1': ['407de8ca82ac33a6794b5d3ef3e32a9905d806f196d8d720b17c3c39d84e5462',
'958be27b0d5c0e2556aee4a5c20e31ae98885b0240b04c281bbf84fee76ae309',
'137206783fb00e109b580cdbc29b27fa066d3417ede9a3e18a3bb68d865384fd',
'1104e0dd780721ea79fa4764956021880026fb150ecaa115cea9afbd8af393ef',
'337ef10272a5318faa5fe6f49a2b129866a9de8480625e6cd949e86fcdfa53ce',
'bc61e79e75710bd682546c9ecbce02934ce6199845cd1e0d7ec7796e6c57d523',
'8ba61cd1d8014459898802d20f8a659b63c426cfd1a696da78de330ebf7054e5',
'1d4692111d5fd80b480d35afab8cf0299bf49bd381036af741a9c634c0788d83',
'cdc18a78f0dbed77262651e700abb0d076088fa08b512c5831fba54948d77d68'],
'layer_2': ['7c34de4f01d9f0ef948b2e98267a329314cd9972a378d88195398f2e848a9265',
'767aa32aeef3d693f02de40c03ba16c1e872984519b2156a6b73cd59f6f0e1f9',
'0b58d9d4d50cb7d7ff9bc150b6f3dfcf999a75ae68ac00b3ac87d238b2b3742e',
'c6798aeaf45273cf3f59ad9976d438b29df950ee7dc302a1910b654d7d0db8e9',
'd03ae6eba0353fb7ef282a29a413b8294ec17d878283527657adaf13db0f10f4'],
'layer_3': ['d234c69e0f00a516c39c4ca2b886a0837b414d5b4b9a8fb9ed2863ace4e06bc7',
'05311a57d89137f7bb22d14597fb95f5735d172d46cfa7ad52110639beb4256c',
'24e8efddaaa024d085270ba1f1c6ae7106f1c9d4195d366a9e05062633d25447'],
'layer_4': ['cd1dd3e68fa3fd8b9db9e88aaa7ad31fa0ed1524a543aa90c7e7ef2e864b84b1',
'15f60b466b6b5d045ba09605ce353e5f9951e6f8de66635bb8342aa1a4dc1f20'],
```
```

'layer_5': ['06b981d1ef4b8ccd9b7d365b6c240757000bce27102f5850c2aa989d09e1ec37']}}

Merkle Tree 层数为：6

Merkle Tree 各层节点数为：[18, 9, 5, 3, 2, 1]

Merkle Tree 的 Top Hash 节点值：['06b981d1ef4b8ccd9b7d365b6c240757000bce27102f5850c2aa989d09e1ec37']

【先生成 3 个区块组成区块链，体会一下 PoW 挖矿过程】

Block(0): Block<Hash: 112dc622da3ede4fdbd33e3d657a837c2df267987fa6a3f2fca9e52bf5b49e31, Nonce: None>

block.hash_is_valid(block.hash()): False

block.hash(1): 9714a0675a71962af228a68d6623a2947250a3c28face9830ebc582bd8ea41d2

block.hash(2): 02ae90cf95323e5949913f884da4bb0ee1299badb53e7c4c66814e08a1f4d51e

block.mine(): Block<Hash: 00005d97423722f86890825d0282ef88acc9e150e13b5e47901ba516fa6a7355, Nonce: 137374>

block.identifier: 7f3b7120cab642a9a9dc9ddd29111e20

至此已经生成了一个有效的 block

blockchain(): blockchain<0 Blocks, Head: None>

chain.add_block(block): blockchain<1 Blocks, Head: 7f3b7120cab642a9a9dc9ddd29111e20>

区块链已添加了刚刚挖出来的有效 block

【接下来再连续挖掘 2 个区块】

挖出第 1 个有效区块！

new_block.identifier 0: f4ca2ab94e5c47a1b78c9e69ad724505

new_block.hash: 00001b9b3bc410094b1e9348af8e383670867d07ee8d29d519244273146819d7

chain.add_block(new_block): blockchain<2 Blocks, Head: f4ca2ab94e5c47a1b78c9e69ad724505>

挖出第 2 个有效区块！

new_block.identifier 1: 9cb27e64cbf24cffb43503325c79ee3e

new_block.hash: 00002fb08e9cabc98ea29f5e12e395acb9a8f64be67a28f7a80e6a28d67414e5

chain.add_block(new_block): blockchain<3 Blocks, Head: 9cb27e64cbf24cffb43503325c79ee3e>

【Merkle Tree 和区块链一起测试】

挖出第 1 个有效区块！

new_block.identifier 0: 91a47779dcf84764855795950795ef01

new_block.hash: 00007f37d0bb791778861661202b8189202729268dcbd6de2fda809383955e5b

new_block.merkle_root: ['66d9929da3980ac39f20a9254c376f0d72a032c9a2f53de4faf32db7af7eaba3']

chain.add_block(new_block): blockchain<4 Blocks, Head: 91a47779dcf84764855795950795ef01>

挖出第 2 个有效区块！

new_block.identifier 1: 27ea8568b54a4964ba34055e556c11df

new_block.hash: 0000d8107f025c44e1dd17d629f3fca3dcd41d38a2505ac31aa26a2074caaf59

new_block.merkle_root: ['5aaf4f58e19948817ba2f47f2555d73ddd2d3596fd9312ca771cb85be4ff85fc']

chain.add_block(new_block): blockchain<5 Blocks, Head: 27ea8568b54a4964ba34055e556c11df>

[Finished in 1.9s]

## 本章习题

### 一、填空题

1. 关于一致性和共识协议，可以简单理解为一致性是_____，而共识协议是_____。

2. 比特币 PoW 的过程可以理解成是寻找不同随机数，即_____值作为哈希函数_____

的输入。满足一定难度值要求，即哈希计算结果前导位 0 的个数_____难度值，一般只能通过计算机_____。

3．与 PoW 投入成本进行算力竞争不同，PoS 的博弈思想是_____的人越值得信赖。

**二、单项选择题**

1．以下哪种攻击不属于 PoW 容易遭受到的攻击（　　）。

A．竞争攻击　　　　　B．女巫攻击　　　　　C．Finney 攻击　　　　D．51%攻击

2．以下哪个选项不属于 PoS 的特点（　　）。

A．一般对系统硬件要求不高

B．通证在整个区块链体系中更像是以股份或存款的形式存在

C．需要解决某个谜题

D．攻击成本比 PoW 更高，相对更安全

3．下面哪个项目采用了 DPoS 共识算法（　　）。

A．比特币　　　　　　　　　　　　B．以太坊

C．EOS　　　　　　　　　　　　　D．Hyperledger Fabric

**三、思考题**

请思考 PBFT 算法有没有改进的空间。

# 第7章

# 区块链智能合约与编程实现

⊙ **学习目标**

◆ 理解智能合约概念
◆ 掌握智能合约的基本原理
◆ 掌握智能合约编程
◆ 掌握智能合约的处理业务逻辑
◆ 理解智能合约应用

⊙ **引导案例**

在区块链的应用中,我们交付物的核心是一系列运行在链上的名为智能合约的程序。这些程序为什么被称为智能合约?它们和运行在中心化服务器上的服务端程序是一样的吗?它们有什么特别的功能?

⊙ **相关知识**

## 7.1 智能合约概述

智能合约概念

### 7.1.1 智能合约的起源

计算机科学家、法学学者及密码学者尼克·萨博(Nick Szabo)最早于 1994 年提出了智能合约(Smart Contract)的概念,他的定义是,"一个智能合约是一个计算机化的交易协议,它执行一个合约的条款。"其中交易协议中的"协议"指的是计算机协议(Protocol),按《应用密码学》的定义,"协议"是一系列步骤,包括两方或多方。

由于代码组成的智能合约缺少可以执行的环境,主要原因是在常规的计算环境中,代码无法强制执行要求一方履行其责任。例如，我们达成一个协议，在满足某个条件时，我应当付100 美元给你，由于常规计算环境中没有资产的概念，因此智能合约无法在计算环境中独立执行，它需要用其他方式对外部资金与资产进行控制。为了解决这个问题，尼克·萨博在 1998年提出"比特黄金"（Bit Gold）的概念，以形成智能合约可以运转的执行环境。但囿于各种条件，这个尝试没有成功。

2008 年，中本聪提出"比特币：一种点对点的电子现金"的概念。2019 年 1 月 3 日比特币系统上线，智能合约才有了一个可以执行的环境。比特币网络拥有智能合约需要几个基础条件：由公钥、私钥形成的所有权机制；在计算环境中，有可用于履行合同条款的原生资产；提供了编程方式即比特币脚本。比特币系统虽然为智能合约做好了准备，但并未能真正推动智能合约的诞生。

2014 年，在比特币基础上，维塔利克·布特林（Vitalik Buterin）撰写《以太坊：智能合约与中心化应用平台》，并正式启动了以太坊区块链网络。此后，智能合约从概念变成现实。

按以太坊联合创始人加文·伍德（Gavin Wood）的说法，以太坊是一台永不停息的"世界计算机"。以太坊提供了执行图灵完备代码的环境——以太坊虚拟机（Ethereum Virutal Machine，EVM）。以太坊在系统设计层面提供了智能合约所需的多种机制，如仅包括智能合约的特定账户——合约账户（Contract Accounts）。与之对应的是外部账户（Externally Owned Accounts），如设计了执行智能合约计算支付燃料费（Gas）的经济机制。

以太坊正在从 1.0 版本向以太坊 2.0 版本升级，其中关于以太坊虚拟机有两个变化，它们都将进一步推动智能合约的技术发展：一是改为采用 eWASM 虚拟机方案，这是基于 WASM指令集的虚拟机设计方案；二是智能合约由 1.0 版本的只有一个执行环境，变成有多个执行环境的 2.0 版本。当然，这是技术层面的优化与改进，智能合约的原理与编程并没有多大的变化。

以太坊上的智能合约最重要的应用是创建 ERC20 标准、ERC721 标准的通证（Token），并用智能合约对这些代表数字资产的通证进行操作。这些数字资产可以对应经济中的货币、股票、票据、仓单、房屋、知识产权、投票权、毕业证书等各种广义的资产。

以太坊虚拟机执行的是 EVM 字节码，程序员可以用高级语言编写智能合约，然后编译为字节码部署在以太坊区块链进行执行。它在发展的过程中出现了多种智能合约高级语言，其中被广泛接受的是加文·伍德开发的 Solidity 语言，它的语法类似于 Javascript 语言。由于被广泛接受，其他的公有链、联盟链、BaaS 云服务也开始支持 Solidity 语言。接下来将用以太坊和Solidity 为例进行讨论。

## 7.1.2  既不智能，也不是合约

智能合约其实是一个有着误导性的命名，因为它既不智能，也不是合约。智能合约是一种计算机协议，或更明确地说是运行在区块链网络中的程序。它能够保证这样的业务逻辑在无须第三方中介的情况下执行，如在电商购物时，用户付款→商品寄出→卖家收钱。

智能合约中的"智能"可以理解为，按条件自动执行，无须人的干预，是自动或自治的。

在以太坊白皮书中，维塔利克特别指出，这里的"合约"不应被理解为需要执行或遵守的内容，而应看成是存在于以太坊执行环境中的"自治代理"（Autonomous Agents）。它拥有自己的以太坊账户，收到交易信息就会自动执行一段代码。

在区块链的语境中，一个智能合约类似于中心化服务端后台程序（Daemon），仅在被触发时才会按照预先确定的规则进行执行。

智能合约处理的是"价值"或更严格地说是链上的"价值的表示物"。区块链的智能合约的执行步骤包括制定合约、事件触发、价值转移、清算结算，如图 7-1 所示。

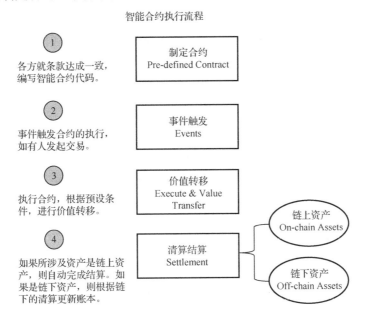

图 7-1　智能合约执行的 4 个步骤

## 7.2　用智能合约处理价值

智能合约特点

### 7.2.1　通证

以太坊的智能合约在触发后，它将按照预先设定的规则来处理价值，如把属于一个人的金钱、数据所有权、投票权等转移给另一个人。在《区块链超入门》中，方军提出，区块链包括①去中心化进行价值表示的功能；②进行价值转移的功能；③价值表示物的功能。

这些价值在区块链中通常被称为 Token（通证、令牌、代币等），以下是维塔利克在以太坊白皮书中的讨论。为了与现在一般性的"通证"说法区分，这里称 Token 为"令牌"。

链上令牌系统（Token Systems）有很多应用，从代表如美元或黄金等资产的子货币到公司股票，代表智能资产的单独令牌，安全的不可伪造的优惠券，甚至与传统价值完全没有关联的令牌系统，如积分奖励。

在以太坊中实施令牌系统非常容易。所有的货币或令牌系统，从根本上来说都是带有如下操作的数据库：从 A 中减去 X 单位，并把 X 单位加到 B 上，前提条件是①A 在交易之前有 X 单位；②交易被 A 批准。

实施一个令牌系统，就是把这样一个逻辑实施到一个合约中去。

区块链能方便地承载令牌或通证，是源于特殊的存储机制，即存的是状态。我们熟悉的数据库存储的不是状态，其中的记录可以反复修改，而区块链中存储的是某个时刻所保存的信息，对状态的变更需要区块链网络中的参与者按照共识机制共同认可才行。

一般来讲，在区块链中，通证是价值的数字表示物。它可以指代门票、供应链单据、股票、资产凭证、忠诚度积分或其他基于区块链的产品与服务。

按照企业以太坊协会（EEA）参与提出的通证分类框架（Token Taxonomy Framework，2019年11月第2版），通证可按如下5个特性来进行分类。

（1）Token Type 通证类型：Fungible（可互换）、Non-Fungible（不可互换）。

（2）Token Unit 通证单位：Fractional（可细分）、Whole（整体不可细分）、Singleton（单体结构）。

（3）Value Type 价值类型：Intrinsic（内生）、Reference（外部）。

（4）Representation Type 表示类型：Common（普通的）、Unique（唯一性）。

（5）Template Type 模板类型：Single（单一模板）、Hybrid（混合模板）。

在以太坊的通证编程实践中，最主要的分类是可互换的 ERC20 标准与不可互换的 ERC721 标准。用户获得的消费积分是可互换的，上市公司的股份可用 ERC20 标准通证来表示。收藏品通常是不可互换的，如以太坊上迷恋猫游戏中的每只猫都是独一无二的。演唱会门票也是不可互换的，因为每张门票对应的席位档次、座位位置都不同。

## 7.2.2　一个简单的智能合约：Faucet

在以太坊区块链网络中，以太币（Ether）是一种特殊的通证，它被设计为计算机的燃料，用户在以太坊网络中执行计算（不管是账户转账，还是执行智能合约）均要用以太币支付燃料费。

本节主要介绍智能合约的基础编程知识，我们会展示一些智能合约的 Solidity 代码片段。以下是摘自《精通以太坊编程》的智能合约代码（解释性注释为本书所加）。

```
//定义一个 contract 合约对象，相当于其他编程语言中的类。这个合约对象包括 function withdraw()和回退
函数或默认函数 function
contract Faucet {
//任何人都可以调用这个函数，获得想要数量的测试网以太币，只要金额不大于100000000000000000 wei，
wei 是以太币的最小单位。因此每次获取的测试网以太币必须小于或等于 0.1 ether。
function withdraw(uint withdraw_amount) public {
require(withdraw_amount <= 100000000000000000);
//将测试网以太币发送到调用者的地址
msg.sender.transfer(withdraw_amount);
}
//这个回退函数有一个修饰属性 payable，它标识这个智能合约 Faucet 是可以接收别人向它转账以太币的。
//我们可以向它转入以太币，以让用户可以通过这个水龙头（Faucet）获取
function () external payable {}
}
```

这是一个以太坊测试网络中常见的智能合约，通常称为水龙头。我们可以在以太坊测试网上部署智能合约、转入测试网以太币，并让其他人与之交互获得测试网以太币，其过程如下。

（1）编译并将其部署到以太坊测试网中。

（2）转账 100 测试网以太币到这个智能合约中。

（3）只要还有测试网以太币，所有人都可以进行调用，每次最多获得 0.1 ether。

（4）如果没有测试网以太币了，再调用时则会报错。我们可以继续向它转账以太币以让它运转。

这个案例中，智能合约处理的价值就是以太坊上原生的价值表示物——以太币。

## 7.2.3　创建链上积分的智能合约示例

区块链的基础在于密码学技术。在以太坊上，我们可以用智能合约创建"价值表示物"。我们来看一个创建积分的智能合约示例。

有一个在线论坛，用户通过发表文章、评论可以获得积分，再使用积分对好文章进行奖励。

```
contract Point {
    address public minter;
    mapping (address => uint) public balances;
    //构造函数仅在智能合约创建时被调用。在区块链上部署这个智能合约的人将成为 minter
    constructor() public {
    minter = msg.sender;
    }
    //只有 minter 才能调用这个函数，生成新积分，并进行发放
    function mint(address receiver, uint amount) public {
    require(msg.sender == minter);
    require(amount < 1000000000000000000);
    balances[receiver] += amount;
    }
    //任何人都可以调用这个函数将自己的积分进行转账
    //
    function send(address receiver, uint amount) public {
    require(amount <= balances[msg.sender], "Insufficient balance.");
    balances[msg.sender] -= amount;
    balances[receiver] += amount;
    }
}
```

下面让我们在论坛积分的场景中看看这个智能合约的使用方法。

（1）论坛管理员（minter），编译智能合约并部署到以太坊测试网中，就可创建一个名为 Point 的积分。

（2）当用户 A 发表一篇好文章后，论坛管理员调用 mint()，生成 100 Point 到用户 A 的地址作为奖励。以此类推，用户 B、用户 C、用户 D 也因为内容贡献分别获得了 100 Point。

（3）用户 B 看到用户 A 的一篇文章很喜欢，决定向他点赞。于是用户 B 调用 send()，从余额中转账 100 Point 到用户 A 的地址。

在以太坊智能合约的编程实践中，我们可以通过编写智能合约来实现积分。但如果有多个积分，我们需要用不同的钱包（软件程序）来管理。

只有将这些积分采用同样的标准，才能方便地进行交互。于是以太坊的 ERC20 通证标准就出现了，它定义了一种可互换的通证。ERC20 是以太坊上最为广泛应用的通证标准之一，能够兼容 ERC20 通证的函数如下：

● totalSupply()：总发行量。

- balanceOf()：查询一个地址的余额。
- transfer()：从调用者地址转账到接收者地址。
- transferFrom()：从某个地址转账到接收者地址。
- approve()：授权某人可以使用我的账户转账给他人。
- allowance()：查询授权某人账户的余额。

ERC20 还有三个可选函数，定义了通证的基本特征：

- name：名称。

如上述示例中的通证可以设置名称为"POINT"。

- symbol：符号。

如上述示例中的符号可设为"PNT"。

- decimals：位数。

如上述示例中的位数可设为 18（跟以太币一样）。

# 7.3 用智能合约处理业务逻辑

智能合约与业务逻辑

在以太坊区块链的环境中，每对地址/私钥代表一个用户，每个用户都有自己的钱包、资产或权利，智能合约可以用来处理常见的业务逻辑。

我们用智能合约代码示例来看三个业务逻辑：购物、拍卖和投票。为了便于理解，我们所讨论的都是简化场景。另外，我们还介绍了用智能合约实现区块链数字支票的案例。

## 7.3.1 购物

在一个简化的购物场景中包括卖家与买家。在面对面购物时，卖家给出商品，买家付钱，即一手交钱，一手交货。然而在卖家和买家不见面且相互不信任时，如何进行交易就成为一个难题。

现有互联网的解决方案是引入一个或多个中间人。例如，在淘宝网购物时，淘宝平台是第一个中间人，如果商品质量出现问题，买家可以向淘宝平台投诉。该平台在核实问题后会惩罚卖家，卖家和买家通过淘宝平台的协调建立了信任。在淘宝网购物时，淘宝平台还引入了第二个中间人，也就是支付宝。买家购买商品支付的款项先由支付宝临时保管，买家确认收货后，支付宝才将款项转给卖家。

那么，智能合约是否能够充当中间人呢？以下是一个简化的远程购物示例，一个智能合约充当了淘宝平台与支付宝的角色。它展示了智能合约可以用来"去中介"的特性。

如图 7-2 所示，我们创建一个智能合约来实现远程安全购物。将智能合约运行在区块链上，它具有两方面的功能：一方面可实现业务逻辑；另一方面可作为不受卖方与买家影响的金库，能够独立、可信地管理资金。

这个远程安全购物的逻辑如下。

（1）创建一个待售商品时，卖家需要将抵押金放到金库中。当商品有问题时，卖家的资金将被智能合约程序没收，这个机制可让卖家保持诚实。抵押金的金额设置是这样的，如果卖家要售卖一个价值 10 以太币的商品，那么需要抵押 20 以太币。卖家部署这个智能合约即创建了一个待售卖商品/卖单。

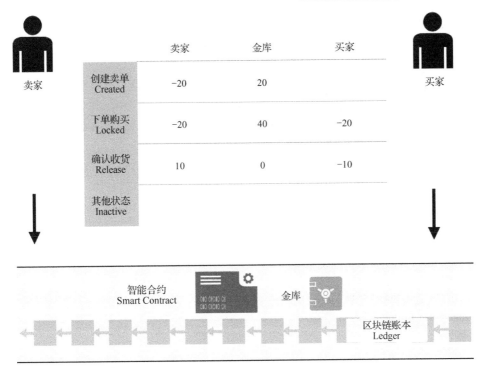

图 7-2 远程安全购物示意

（2）买家下单时，为了避免恶意下单和其他问题，这个远程安全购物示例同样要求买家必须抵押双倍的资金到金库中，即也抵押了 20 以太币。

（3）卖家在收到下单信息后，使用快递发出商品。

（4）买家收到商品检查无误后，与智能合约交互确认收到商品。这样，买家才能把自己多抵押的 10 以太币取回。

（5）智能合约收到买家的收货确认后，卖家才可以申请取回自己的资金，包括抵押金（20以太币）、商品货款（10 以太币）。这个远程安全购物到此结束。

这个智能合约有 4 种状态，分别是创建卖单（Created）、下单购买（Locked）、确认收货（Release），以及其他状态（Inactive）。在以上商品上架、付款、确认收货等逐步操作过程中，智能合约的状态也随之进行变化。

该远程安全购物的智能合约示例代码片段如下（在 Solidity 文档中可以看到这个智能合约的完整代码）。

```
contract Purchase {
    uint public value;      //此参数为商品的定价
    address payable public seller;
    address payable public buyer;
    enum State { Created, Locked, Release, Inactive }
    State public state;     //默认为 Created
    modifier onlyBuyer() {...}
    modifier onlySeller() {...}
    modifier inState(State _state) {...}
    //这是智能合约的构造函数，卖家创建这个智能合约时
    //需要向智能合约转入以太币资金
```

```
//msg.value 即为转入的以太币资金，这是抵押金
//这个抵押金是商品价格的两倍，因此也就赋值了商品定价参数
constructor() public payable {
seller = msg.sender;
value = msg.value / 2;
require((2 * value) == msg.value, "Value has to be even.");
}
//在买家下单前，卖家可以取消商品
function abort()
public
onlySeller
inState(State.Created)
{
state = State.Inactive;
seller.transfer(address(this).balance);
}
//买家通过向智能合约转入以太币资金，确认下单购买
function confirmPurchase()
public
inState(State.Created)
condition(msg.value == (2 * value))
payable
{
buyer = msg.sender;
state = State.Locked;
}
//买家调用此函数，确认收货
//让智能合约释放金库中锁定的以太币资金
//买家取回自己多抵押的资金
function confirmReceived()
public
onlyBuyer
inState(State.Locked)
{
state = State.Release;
buyer.transfer(value);
}
//卖家调用此函数，取回双倍抵押的资金和货款
//此数值为商品价格的三倍
function refundSeller()
public
onlySeller
inState(State.Release)
{
state = State.Inactive;
seller.transfer(3 * value);
}
}
```

我们通过以上智能合约示例看到，卖家先在区块链上创建一个智能合约，转入抵押金、确定商品价格，此后智能合约就可以根据买家、卖家的动作执行操作，独立管理资金。卖家和买家在不需要任何可信第三方的情况下，就完成了一次远程安全购物交易。

## 7.3.2  拍卖

我们来看一个由智能合约主持的简化拍卖案例。在竞标的时间段内，竞标者可以向智能合约转入以太币资金，表示自己参与竞标。在竞标结束后，只有投标金额最高的竞标者才能获胜。

类似地，智能合约会维护一个金库，临时代管资金。每个竞标者参与竞标，即是将资金转入智能合约，存放在这个金库中。只要有人投标超过之前的投标者，智能合约就会允许之前的投标者（已确认无法中标者）取回自己的资金。在竞标结束后，投标的发起人（受益人）可申请取回自己赢得的资金。

这个智能合约示例代码片段如下（在 Solidity 文档中可以看到这个智能合约的完整代码）。

```
contract SimpleAuction {
    address payable public beneficiary;        //投标的发起人（受益人）
    uint public auctionEndTime;        //拍卖截止时间
    //在部署这个智能合约时，需要指定受益人、截止时间
    constructor(
    uint _biddingTime,
    address payable _beneficiary
    ) public {
    beneficiary = _beneficiary;
    auctionEndTime = now + _biddingTime;
    }
    //拍卖的相关状态
    //当前的最高竞标者和其金额
    address public highestBidder;
    uint public highestBid;
    //可以取回自己资金的竞标者名单
    mapping(address => uint) pendingReturns;
    //拍卖状态，默认为'false'，即未结束
    bool ended;
    //任何人都可以调用 bid()竞标
    //调用此函数时要求调用者（msg）的竞标资金（value）大于当前最高竞标资金（highestBid）
    function bid() public payable {
    require(
    now <= auctionEndTime,
    "Auction already ended."
    );
    require(
    msg.value > highestBid,
    "There already is a higher bid."
    );
    if (highestBid != 0) {
    pendingReturns[highestBidder] += highestBid;
```

```
}
highestBidder = msg.sender;
highestBid = msg.value;
emit HighestBidIncreased(msg.sender, msg.value);
}
//已经不是最高竞标者的人可以用 withdraw()取回自己的资金
function withdraw() public returns (bool) {
uint amount = pendingReturns[msg.sender];
if (amount > 0) {
pendingReturns[msg.sender] = 0;
if (!msg.sender.send(amount)) {
pendingReturns[msg.sender] = amount;
return false;
}
}
return true;
}
//调用此函数来结束拍卖，并将最高竞标人的资金转给受益人
function auctionEnd() public {
//① 执行条件：拍卖时间段已经结束，且此函数还未被调用过
require(now >= auctionEndTime, "Auction not yet ended.");
require(!ended, "auctionEnd has already been called.");
//② 结束拍卖，将资金转给受益人
ended = true;
beneficiary.transfer(highestBid);
}
}
```

这是一个简单的拍卖，任何人都可以看到其他人的竞标价格。在此基础上，我们还可以对它的业务逻辑进行修改，如改为无法看到其他人的竞标价格等，这里就不再详述了。

这个拍卖过程如下。

（1）将拍卖智能合约部署上链，并设定拍卖的截止时间和受益人。

（2）在拍卖截止时间前，任何人都可以调用函数，转账资金参与竞标。

（3）在竞标的过程中，除了最高投标者，其他人（已确认无法中标者）都可以随时取回自己的资金。

（4）在拍卖结束后，拍卖的受益人将获得最高竞标者的投标资金，并可申请提款。

## 7.3.3 投票

智能合约还可以用于获得资金以外的权利、权益。接下来，我们来看用智能合约编写的一个投票系统。

投票发起方用区块链智能合约发起一个投票，对包括 A、B、C、D 等提案进行投票。

投票发起方还要划定有权投票的人员范围，即赋予相关人投票权。

这个投票还有一个规则是，投票人可以将自己的票委托给其他人，由他人代为投票。

这个智能合约投票的逻辑关系如图 7-3 所示。

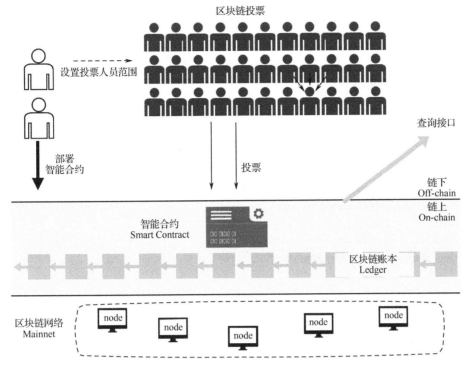

图 7-3　智能合约投票的逻辑关系

这个投票的智能合约示例代码片段如下（在 Solidity 文档中可以看到这个智能合约的完整代码）。

```
contract Ballot {
//投票人的数据结构
struct Voter {
uint weight;      //投票人持有的含委托的总票数
bool voted;       //若为true，则表示已投票
address delegate;     //投票权的被委托人
uint vote;      //所投的提案
}
//存储所有投票人的信息
mapping(address => Voter) public voters;
//提案的数据结构
struct Proposal {
bytes32 name;      //提案名称
uint voteCount;      //提案所获票数
}
//存储所有提案
Proposal[] public proposals;
//此投票的管理者
address public chairperson;
//此为智能合约的构造函数
//输入值是投票的提案，假设为 A、B、C、D
//此投票的管理者就是这个智能合约的创建者
```

```
constructor(bytes32[] memory proposalNames) public {
chairperson = msg.sender;
voters[chairperson].weight = 1;
for (uint i = 0; i < proposalNames.length; i++) {
proposals.push(Proposal({
name: proposalNames[i],
voteCount: 0
}));
}
}
```

//投票的管理者可以调用此函数，并赋予投票人的投票权

```
function giveRightToVote(address voter) public {
require(
msg.sender == chairperson,
"Only chairperson can give right to vote."
);
require(
!voters[voter].voted,
"The voter already voted."
);
require(voters[voter].weight == 0);
voters[voter].weight = 1;
}
```

//通过此函数，投票人把自己的投票权委托给他人

```
function delegate(address to) public {
```

//如果你已经投票或委托他人，则会提示你已经投票

```
Voter storage sender = voters[msg.sender];
require(!sender.voted, "You already voted.");
```

//你不能把投票权委托给自己

```
require(to != msg.sender, "Self-delegation is disallowed.");
while (voters[to].delegate != address(0)) {
to = voters[to].delegate;
require(to != msg.sender, "Found loop in delegation.");
}
```

//执行委托投票过程，分以下两种情况

//1）如果被委托人已经投票，那么他所投提案的得票数直接加 1

//2）如果被委托人尚未投票，那么他的投票权重加 1，在稍后他投票时，权重为 $N$ 则代表票数为 $N$

```
sender.voted = true;
sender.delegate = to;
Voter storage delegate_ = voters[to];
if (delegate_.voted) {
proposals[delegate_.vote].voteCount += sender.weight;
} else {
delegate_.weight += sendcr.wcight;
}
}
```

//投票函数

//如果没有人被委托，那么应投出自己的 1 票

```
//如果被委托，那么应投出自己持有的所有票数
function vote(uint proposal) public {
Voter storage sender = voters[msg.sender];
require(sender.weight != 0, "Has no right to vote");
require(!sender.voted, "Already voted.");
sender.voted = true;
sender.vote = proposal;
proposals[proposal].voteCount += sender.weight;
}
//调用此函数就可以看到赢得投票提案的内容
function winningProposal() public view
returns (uint winningProposal_)
{
uint winningVoteCount = 0;
for (uint p = 0; p < proposals.length; p++) {
if (proposals[p].voteCount > winningVoteCount) {
winningVoteCount = proposals[p].voteCount;
winningProposal_ = p;
}
}
}
}
```

投票智能合约的运转过程（直接投票与委托）如图 7-4 所示。

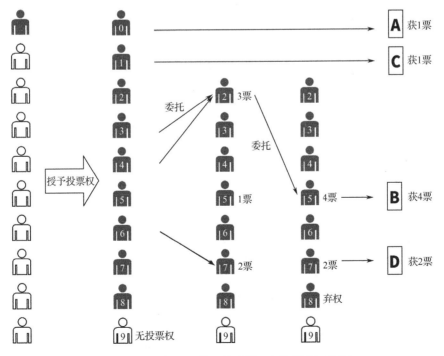

图 7-4　投票智能合约的运转过程（直接投票与委托）

（1）由 0 号用户部署智能合约，他是这个投票的管理者（Chairperson）。他设定了 4 个提案，分别为 A、B、C、D。

（2）投票管理员授予 1 号用户至 8 号用户有投票权。9 号用户无投票权。

（3）0 号用户和 1 号用户直接投票，因此，提案 A、提案 C 各获得了 1 票。

（4）3 号用户和 4 号用户将投票权委托给 2 号用户，因此，2 号用户有 3 票。

（5）2 号用户又将投票权委托给 5 号用户，因此，5 号用户有 4 票。当他投票给提案 B 时，提案 B 获得了 4 票。

（6）6 号用户将投票权委托给 7 号，7 号将 2 票投给了提案 D，因此，提案 D 获得 2 票。

（7）8 号用户虽然获得投票权，但选择了弃权。

最终结果是，众人投票选出了提案 B。

在这样一个投票智能合约的案例中，我们不需要任何中间人，由运行在区块链上的智能合约来可信地完成投票过程。

## 7.3.4 支票

我们也可以用智能合约来实现支票的功能，它利用了区块链中用私钥签名时，数字签名不可否认的特性。支票的原本含义是，你持有这张我签名的纸条，就可以找我兑现相应的资金。下面我们来看看，如何用智能合约实现区块链上的数字支票。图 7-5 展示了区块链数字支票的逻辑关系。

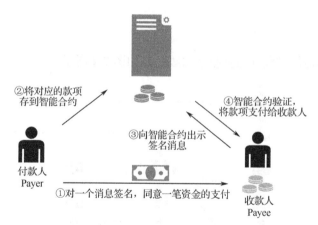

图 7-5　区块链数字支票的逻辑关系

智能合约就相当于是一家临时银行的角色。付款人开出一张支票给收款人，同时，他将资金存储到智能合约。

收款人凭这张支票可从智能合约处取得资金。这张支票实际上就是付款人对一个消息的数字签名，相当于我们在一张纸质支票上的签名。

一个区块链支票的签署和兑现过程如下。

（1）付款者：用私钥对一个消息签名，预先同意一笔资金的支付。

（2）付款者部署合约，以用它把对应的以太币支付给收款者。

（3）付款者通过某种想要的媒介（如电子邮件）将经签名的信息（区块链数字支票）发送给收款者。

（4）收款者向智能合约出示经签名的信息，签名信息可以自证其真实性。因此，智能合约向收款者发放款项。

智能合约的实践

至此，这个简单的区块链数字支票的智能合约就完成了。

## 7.4　智能合约的编写、部署与交互

智能合约是运行在区块链上的程序。对于以太坊等公有链而言，部署在区块链上就可以进行独立运行，智能合约的开发者与部署者对这个程序也没有特权。部署在区块链上的智能合约是不能修改的，对它的修改或升级就是重新部署一个新的智能合约，由它来承接之前合约的功能。

在尝试编写以太坊智能合约时，我们通常会用到如下组件，用它们可完成智能合约的编写、测试、部署和交互。

（1）一个以太坊测试链。通常是本地测试链 Ganache。在智能合约测试运行无误后，会在以太坊测试网中进一步测试，最终部署到以太坊主网上。

（2）智能合约编程套件（Truffle Suite）。用它可以编写智能合约、单元测试，它的控制台可以直接与智能合约互动交互。如果是编写 ERC20 标准通证，通常还会用到智能合约程序库（OpenZeppelin）。

（3）Remix。它是智能合约编程的 IDE 工具，是一个 Javascript 接口，用户可以用 web3.js 及浏览器与智能合约进行交互。智能合约在本地测试网的编程、上线过程如图 7-6 所示。

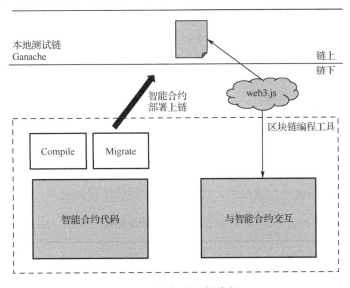

图 7-6　智能合约的编程

（1）设计智能合约的业务逻辑，编写智能合约代码。

（2）编译智能合约。

（3）将智能合约部署上链，这个过程通常叫"Migrate"。

（4）已经部署上链的智能合约可以通过 web3.js 进行交互。其交互有两种方式，一种是自行编写 javascript 代码，另一种是通过控制台与之交互。

通过本节了解智能合约的原理和编程后，如果你对区块链智能合约的应用感兴趣，可以进一步学习区块链应用原理与编程语言，并在区块链上实现自己的业务逻辑。

→ 学习项目

## 7.5  项目  智能合约的开发

本项目包括 Solidity 语言的基本概念、Solidity 语法、基础数据等内容，为我们利用 Solidity 语言开发智能合约打下了良好的基础，并通过交易例子完成了使用 Solidity 语言开发智能合约的目标。

### 7.5.1  任务 1  Solidity 语言的基本概念

以太坊拥有多种高级语言，可用于编写智能合约，其中 Solidity 是迄今为止较成熟的以太坊语言，其语法接近于 Javascript，是一种面向对象的语言。但作为一种真正意义上运行在网络上的去中心合约，它又有很多的不同，具体内容如下。

（1）由于以太坊底层是基于账户，而非 UTXO 的，所以它有一个特殊的 Address 类型。用于定位用户、定位合约、定位合约的代码（合约本身也是一个账户）。

（2）由于语言内嵌框架是支持支付的，所以提供了一些关键字，如 payable，它可以在语言层面直接支持支付，而且操作十分简单。

（3）由于存储是使用网络上的区块链，数据的每一个状态都可以永久存储，所以需要确定变量是使用内存，还是区块链。

（4）由于运行环境是在去中心化的网络上，会比较强调合约或函数执行的调用的方式。

（5）一旦出现异常，所有的执行都将会被回撤，这主要是为了保证合约执行的原子性，以避免中间状态出现的数据不一致。

### 7.5.2  任务 2  编译器 remix 的部署与使用

#### 1.  软/硬件环境

使用 remix 编译器需要一台虚拟机，虚拟机的软/硬件环境如表 7-1 所示。

表 7-1  虚拟机的软/硬件环境

| 硬 件 环 境 | 软 件 环 境 | 用 户 密 码 |
|---|---|---|
| 单核处理器<br>1GB 内存<br>20GB 硬盘，千兆网口<br>23.5 英寸 LED 显示器 | Centos7<br>需要关闭防火墙和 Selinux<br>Chrome、Docker（文件位置：/home/blockchain/images/） | 两个用户/密码：root/123456；<br>blockchain/123456 |

#### 2.  导入 remix docker 镜像

若要在离线状态下运行 remix，则需要导入 remix docker 镜像。

（1）预先已安装好 Docker，直接启动 Docker 服务。

```
# systemctl start docker.service
```

（2）载入 docker image 并输入"tag"。

```
# docker load < /home/blockchain/images/remix-ide.tar
# docker tag f74866f6d042 docker.io/remixproject/remix-ide:latest
```

（3）生成并运行 remix-ide docker 容器。

```
# docker run -p 8080:80 remixproject/remix-ide:latest
```

```
[root@localhost ~]# docker run -p 8080:80 remixproject/remix-ide:latest
/docker-entrypoint.sh: /docker-entrypoint.d/ is not empty, will attempt to perfc
rm configuration
/docker-entrypoint.sh: Looking for shell scripts in /docker-entrypoint.d/
/docker-entrypoint.sh: Launching /docker-entrypoint.d/10-listen-on-ipv6-by-defal
lt.sh
10-listen-on-ipv6-by-default.sh: Getting the checksum of /etc/nginx/conf.d/defau
lt.conf
10-listen-on-ipv6-by-default.sh: Enabled listen on IPv6 in /etc/nginx/conf.d/def
ault.conf
/docker-entrypoint.sh: Launching /docker-entrypoint.d/20-envsubst-on-templates.s
h
/docker-entrypoint.sh: Configuration complete; ready for start up
```

（4）通过 Chrome 浏览器访问 remix-ide。

在 Chrome 浏览器地址栏中输入"http://127.0.0.1:8080"，打开 remix-ide 首页，如图 7-7 所示。

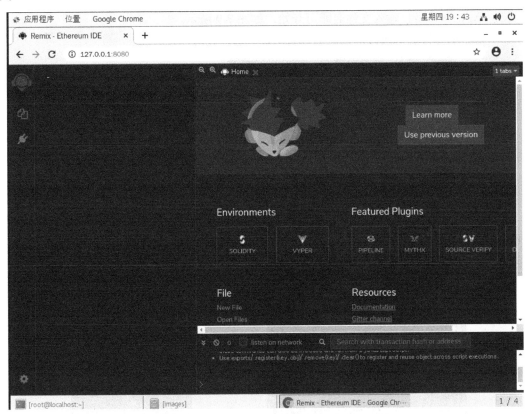

图 7-7　remix-ide 首页

### 3. 本地 remix 的使用

（1）左侧可以看到所有文件，如图 7-8 所示。

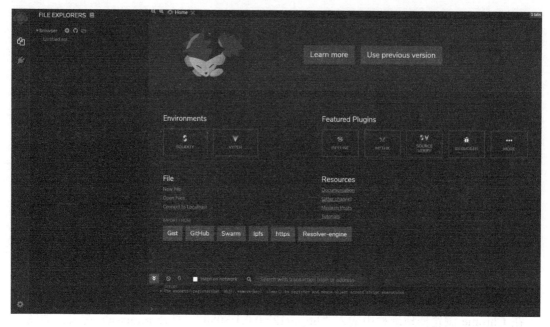

图 7-8　展示所有文件

（2）单击"+"号，输入文件名即可开始，如图 7-9 所示。

（3）单击插件管理器图标，如图 7-10 所示。

图 7-9　新建文件

图 7-10　插件管理器图标

（4）在搜索界面，搜索关键字 compiler 和关键字 run，如图 7-11 所示。

（5）单击"Activate"按钮，在页面左侧栏找到 SOLIDITY 图标，如图 7-12 所示，单击该图标即可进行编译及运行。

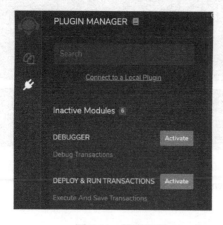

图 7-11　搜索界面

图 7-12　SOLIDTY 图标

## 7.5.3 任务3 Solidity 语法

### 1. Solidity 的 4 种可见度/访问权限

（1）public：任何人都可以调用该函数，包括 DApp 的使用者。

（2）private：只有合约本身可以调用该函数（在另一个函数中）。

（3）internal：只有这份合同及由此产生的所有合同才能称之为合同。

（4）external：只有外部可以调用该函数，而合约内部不能调用。

### 2. Solidity 的三种修饰符

（1）view：可以自由调用，因为它只是"查看"区块链的状态而不能进行修改。

（2）pure：可以自由调用，既不读取也不写入区块链。

（3）payable：常用于将代币发送给合约地址。

### 3. Solidity 函数的组成部分

图 7-13 展示了 Solidity 函数的组成部分。

```
pragma solidity ^0.4.0;
    contract helloworld {
        function stringtest(string inputstr) public view returns(string){
            return inputstr;
        }
}
```

其中参数含义如下。

① function：函数名字(类型 1 名字,类型 2 名字,…,类型 n 名字)。如果没有就什么都不填。

② public/private/internal/external：可见度/访问权限。如果不写，则系统默认为 public，并且提出警告。

③ view/pure/payable：修饰符。如果需要花费 Gas，则不写。

④ returns：函数名字(类型 1 名字,类型 2 名字,…,类型 n 名字)。

### 4. 布尔类型

布尔类型示例如图 7-14 所示。

```
pragma solidity ^0.4.0;
contract helloworld {
    bool boola=true;        //声明一个布尔类型的值，只用一个等号
    function booltesta() public view returns(bool){
        return boola;
    }
    function booltestb(int a,int b) public view returns(bool){
        return a==b;
    }
}
```

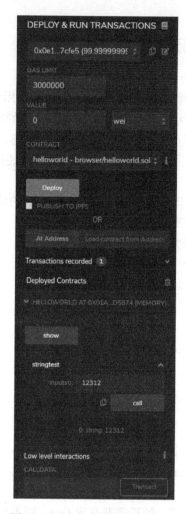

图 7-13　Solidity 函数的组成部分

图 7-14　布尔类型示例

## 5. 与、或（即&&、||）

与、或类型示例如图 7-15 所示。

```
pragma solidity ^0.4.0;
contract helloworld {
    function andtestTT() public view returns(bool){
        return true&&true;
    }
    function andtesTF() public view returns(bool){
        return true&&false;
    }
    function andtestFF() public view    returns(bool){
        return false&&false;
    }
    function ortestTT() public view returns(bool){
        return true||true;
    }
    function ortesTF() public view    returns(bool){
        return true||false;
    }
    function ortestFF() public view    returns(bool){
        return false||false;
    }
}
```

图 7-15　与、或类型示例

## 6. 通常运算符

通常运算符包括+，−，*，/，%，以及特殊符号**，具体运算符示例如图 7-16 所示。

```
pragma solidity ^0.4.0;
contract helloworld {
    function jiatest(int a,int b) public view    returns(int){
        return a+b;
    }
    function jiantcst(int a,int b)    public view returns(int){
        return a-b;
    }
    function chengtest(int a,int b) public view    returns(int){
        return a*b;
    }
    function chutest(int a,int b)    public view returns(int){
        return a/b;
    }
    function quyutest(int a,int b)    public view returns(int){
        return a%b;
    }
    function mitest(uint a,uint b)    public view returns(uint){
        return a**b;        //此处必须为 uint，直接写 int256 就会报错
    }
}
```

图 7-16　通常运算符示例

### 7. 位运算符

位运算符包含以下 6 种操作，具体操作示例如图 7-17 所示。

（1）& 操作数之间转换成二进制数后，每位进行与运算操作（同 1 取 1）。

（2）| 操作数之间转换成二进制数后，每位进行或运算操作（有 1 取 1）。

（3）~ 操作数之间转换成二进制数后，每位进行取反操作（直接相反）。

（4）^ 操作数之间转换成二进制数后，每位进行异或操作（不同取 1）。

（5）<<操作数之间转换成二进制数后，每位向左移动 x 位的操作。

（6）>>操作数之间转换成二进制数后，每位向右移动 x 位的操作。

```solidity
pragma solidity ^0.4.0;
contract helloworld {
    function Wyutest(uint8 a,uint8 b)    public view returns(uint8){
        return a&b;
    }
    function Whuotest(uint8 a,uint8 b)    public view returns(uint8){
        return a|b;
    }
    function Wfantest(uint8 a)    public view returns(uint8){
        return ~a;
    }
    function Wyihuotest(uint8 a,uint8 b)    public view returns(uint8){
        return a^b;
    }
    function zuoyitest(uint8 a,uint8 b)    public view returns(uint8){
        return a<<b;
}
    function youyitest(uint8 a,uint8 b)    public view returns(uint8){
        return a>>b;
    }
}
```

### 8. Solidity 中赋值

Solidity 是先将赋值语句中所有的数都计算出来后，再进行赋值操作。赋值类型如图 7-18 所示。

```solidity
ragma solidity ^0.4.0;
contract helloworld {
    function setvaluetest() public view returns(uint8){
        return 9999999999999999999-9999999999999999998;
    }
}
```

### 9. 固定长度字节数组（bytes）

一个 byte=8 个位（XXXX XXXX），其中 X 为 0 或 1，用二进制数表示。

字节数组为 bytes1,bytes2,…,bytes32，以 8 个位递增，即是对位的封装。如 bytes1=uint8；bytes2=unit16；…；bytes32=unit256。

使用 bytes 的理由如下。

图 7-17　位运算符示例

图 7-18　赋值类型示例

（1）bytesX 可以更好地显示十六进制数。如 bytes1=0x6A，bytes1=（XXXX XXXX）正好 4 个 X 表示一个十六进制数，以此类推。

（2）bytes 数据声明时，加入 public 可以自动生成调用长度的函数，bytes 类型如图 7-19 所示。

```
pragma solidity ^0.4.0;
contract helloworld {
    bytes1 public num1 = 0x12;
    bytes4 public num2 = 0x12121212;
}
```

图 7-19　bytes 类型示例

（3）bytes 内部自带 length 函数，其长度固定且不可被修改，如图 7-20 所示。

```
pragma solidity ^0.4.0;contract helloworld {
    bytes1 public num1 = 0x12;
    bytes4 public num2 = 0x12121212;
    function getlength1() public view returns(uint8){
        return num1.length;
    }
    function getlength2() public view returns(uint8){
        return num2.length;
    }
}
```

图 7-20　length 函数示例

（4）字节数组可以进行大小比较。

```
pragma solidity ^0.4.0;
contract helloworld {
    bytes1 public num1 = 0x12;
    bytes4 public num2 = 0x12121212;
    uint8 num3 = 0x12;
    uint8 num4 = 12;
    function compare1() public view returns(bool){
        return num1<num2;
    }
    function compare2() public view returns(bool){
        return num1>num2;
    }
    function compare3() public view returns(bool){
        //return num1>num3;不管是十六进制数还是二进制数，编译器都会报错
        //return num1>num4;说明无法进行 byte 和 int 之间的比较
    }
}
```

（5）可变长度 bytes 数组。

声明方法如下。

```
bytes arr = new bytes(length);
```

例如：

```
pragma solidity ^0.4.0;
contract helloworld {
    bytes arr1 = new bytes(3);
    function initarr() public view{
        arr1[0]=0x12;
        arr1[1]=0x34;
    }
    function getarrlength() public view returns(uint){
        return arr1.length;
    }
     function arrchange() public {
        arr1[0]=0x11; //
    }
    function arrlengthchange(uint a) public {
        arr1.length=a; //
    }
    function pushtest() public {
        arr1.push(0x56);
    }
}
```

## 7.5.4　任务 4　Solidity 基础数据操作

### 1. 修改 String 类型

```
pragma solidity ^0.4.0;
contract stringtest1{
    string testword='helloworld';      //68656c6c6f776f726c64 为这串字符的十六进制数
    function stringlength() public view returns (uint){
        return testword.length;     //直接返回长度会报错
        return bytes(testword).length;  //强制类型转换后可以修改
    }
    function stringchange() public   {
        testword[0]='A';      //直接进行变更会报错
        bytes(testword)[0]='A';     //41 为 A 的十六进制数值，强制类型转换后可以修改
    }
    function getname() public view returns(bytes){
        return bytes(testword);      //查看十六进制数的 String
    }
    function stringchangetest() public view returns(byte){
        return bytes(testword)[0];      //查看是否被修改
    }
}
```

未运行 stringchange 前的测试结果如图 7-21 所示，getname 和 stringlength 的显示结果都正常。

图 7-21　未运行 stringchange 前的测试结果

运行 stringchange 之后，发现从 68 变成了 41，修改成功，如图 7-22 所示。

图 7-22　运行 stringchange 后的测试结果

### 2. 存储 String 类型数据

英文字符（A～z），以及特殊字符（&*@#&%()）等为 1 字节，中文字符则为 3 字节，PS.solidity 中文输入支持较差，具体示例如下：

```
contract stringstoragetest{
    string testword1='asldhlkasdh';
    string testword2='^*^*0%*()*-/';
    string testword3='中文测试';
    string testword4='中文测试 2222';
    function stringstoragetest1() public view returns(uint){
        return bytes(testword1).length;
    }
    function stringstoragetest2() public view returns(uint){
        return bytes(testword2).length;
    }
    function stringstoragetest3() public view returns(uint){
```

```
        return bytes(testword3).length;
    }
    function stringstoragetest4() public view returns(uint){
        return bytes(testword4).length;
    }
}
```

存储 String 类型数据如图 7-23 所示。

图 7-23　存储 String 类型数据

可见一个中文字符占 3 字节，中文和英文同时存在时互不干扰。这是由于存储中文和一些其他语言时，Solidity 使用的是 UTF-8 格式存储。

### 3. 固定长度字节数组（bytes）的截断

bytes 截断的规律是，若位数足够，则保留前面的；若位数不够，则在后面加 0，其测试程序如下：

```
contract bytetest1{
    bytes10 testword=0x68656c6c6f776f726c64; //helloworld
    function transbytes1() public view returns(bytes1){
        return bytes1(testword);
    }
    function transbytes2() public view returns(bytes5){
        return bytes5(testword);
    }
    function transbytes3() public view returns(bytes12){
        return bytes12(testword);
    }
}
```

bytes 的截断结果如图 7-24 所示。

图 7-24　bytes 的截断结果

#### 4. 将固定长度字节数组变为可变长度字节数组

先构造另一个可变长度字节数组，再一个个赋值即可，其代码如下：

```
contract arrtranstest{
    bytes10 testword=0x68656c6c6f776f726c64;
    bytes transarr = new bytes(testword.length);
        function setvalue() public {
        for(uint i=0;i<testword.length;i++){
            transarr[i]=testword[i];
          }
      }
    function showtransarr() public view returns(bytes){
        return transarr;
      }
  }
```

（1）单击"showtransarr"按钮进行查看，发现 transarr 没有被赋值，如图 7-25 所示。

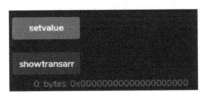

图 7-25　未赋值的可变长度字节数组

（2）单击"setvalue"按钮后，再单击"showtransarr"按钮进行查看，发现可变长度字节数组已经被赋值，如图 7-26 所示。

图 7-26　已赋值的可变长度字节数组

#### 5. 将可变长度字节数组转化为可以显示字符的 String 类型

通过直接强制转化即可，其代码如下：

```
contract bytestostring{
    bytes testword = new bytes(10);
        function setvalue() public {
        testword.push(0x68);
        testword.push(0x4d);
      }
    function showtransarr() public view returns(string){
        return string(testword);
      }
  }
```

### 6. 将固定长度字节数组转化为 String 类型

存在以下两种转换：（1）固定长度字节数组转化为可变长度字节数组；（2）可变长度字节数组转化为 String 类型，如图 7-27 所示。

```
contract bytes32tostring{
    bytes10 testword=0x68656c6c6f776f726c64; //为 helloworld
    function bytes32tostringF() public view returns(string){
        uint count=0;        //这里必须初始为 uint，否则报错
    for(uint i=0;i<testword.length;i++){
        bytes1 tester=testword[i];
        if(tester!=0x00){        //计算出所有不为空值的位数
            count++;
        }
    }
    bytes memory transarr=new bytes(count);        //声明一个新的可变数组，长度为之前的 count，这样就
//不会导致转化后出现过多的方框
        for(uint j=0;j<count;j++){        //重新对可变数组进行赋值
            transarr[j]=testword[j];
        }
        return string(transarr);        //强制转化即可
    }
}
```

图 7-27    固定长度字节数组转化为 String 类型

**注意：**（1）固定长度字节数组不能直接强制转化为 String 类型，否则会报错导致无法编译通过；（2）如果不使用 count 计数，那么可变长度数组前面为原来固定长度数组的值，后面则全部为 0，强制转化的 String 类型后面就会带许多的方框（表示未知字符），所以需要使用 count 对全部的有效字符进行计数。

### 7. 固定长度数组入门

结论：（1）如果不赋值，则默认所有位均为 0；（2）支持直接使用.length 查看数组长度，但不支持对数组长度做修改；（3）不支持通过.push 添加数据，其代码如下。

```
contract fixedarrtest{
    uint[3] testarr1;        //不进行赋值直接声明数组
    uint[3] testarr2=[1,2,3];        //声明数组并进行赋值
    function showarr1() public view returns(uint[3]){
        return testarr1;        //如果不赋值，则所有位均为 0
    }
    function showarr2() public view returns(uint[3]){
        return testarr2;
    }
```

```
function initarr() public{
    testarr1[0]=12;      //进行赋值操作
}
function lengthtest() public view returns(uint){
    return testarr1.length;      //Solidity 支持直接查看数组长度
}
function changelengthtest() public view returns(uint){
    //testarr1.length=testarr1.length+3;      //Solidity 不支持直接修改数组长度
}
function pushtest() public view {
    //testarr2.push(2);      //Solidity 不支持直接 push 数据到数组
}
}
```

运行结果：初始化之前可看到 arr1 所有数组均为 0，如图 7-28 所示。

进行赋值之后可看见数值发生了变化，如图 7-29 所示。

图 7-28　初始化前的结果

图 7-29　赋值后的结果

### 8. 可变长度数组入门

结论：（1）如果不初始化就无法单独赋值，但可以 push 或改变长度使它有值后，再进行赋值，即必须修改的这个位不能为空。（2）支持直接使用.length 查看数组长度，也支持对数组长度做修改。若将数组长度缩小，则会从前往后保留；若将数组长度扩大，则后面原本没有值的位会被默认为 0。（3）支持直接通过.push 方法在末尾添加数值，其代码如下。

```
contract dynamicarrtest{
    uint[] testarr=[1,2,3,4,5];
        function showarr() public view returns (uint[]){
        return testarr;
    }
        function changearr() public{
        //for(uint i=0;i<5;i++){
            testarr[0] = 2;      //如果不使 0 位有值，则该函数无用
        //}
```

```
        }
        function lengthtest() public view returns(uint){
        return testarr.length;
        }

        function changelengthtest1() public{
        testarr.length=1;
        }

        function changelengthtest2() public{
        testarr.length=10;        //数组长度变长后默认为 0
        }

        function pushtest() public{
        testarr.push(6);        //可变数组支持此操作
        }
}
```

运行结果：初始化前的结果如图 7-30 所示。

调用 push，并且改变数值之后，其结果如图 7-31 所示。

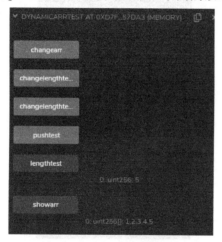

图 7-30　初始化前的结果

图 7-31　调用 push 后的结果

将数组长度变短再变长之后如图 7-32 所示。

图 7-32　数组长度变化后的结果

### 9. 可变长度二维数组

结论：（1）初始化时，uint[ i ][ j ]表示有 j 个元素，每个元素包含 i 个值（和其他许多语言不同）。（2）可变长度二维数组可以直接获取长度，既可以获得所有元素个数，也可以获得单独元素有多少值。（3）对二维数组进行增、删、改等操作时，与初始化时是相反的，即 uint[ i ][ j ]表示第 i 个元素的第 j 个值（和其他许多语言一样）。（4）不支持 push 方法。（5）支持对长度进行修改，改后默认值为 0。（6）未声明的值不能直接赋值，修改长度后，只有默认有值才行。

```
contract dynamicdoublearrtest{
    uint[][] testarr1=[[1,2],[3,4],[5,6]];
    function changevalue() public{
        testarr1[0][1]=10;
        testarr1[2][0]=200;
    }
    //function showall() public view returns(uint[][]){
    //      return testarr1;
    //}
    //function pushtest() public{
        //testarr1.push([7,8]);
        //testarr1.push(7,8);
    function inittest() public{
        //testarr1[0][3]=7;
        testarr1[0][2]=7;      //未声明的值仍然不支持直接赋值
        testarr1[0][3]=8;
        //testarr1.push(7,8);
    }
    function initvalue1() public view returns(uint){
        return testarr1[0][2];
    }

    function initvalue2() public view returns(uint){
        return testarr1[0][3];
    }
    function getsum() public view returns (uint){
        uint sum=0;
        for(uint i=0;i<testarr1.length;i++){
            for(uint j=0;j<testarr1[i].length;j++){
                sum+=testarr1[i][j];
            }
        }
        return sum;
    }

    function changelengthtest1() public{
        testarr1.length=5;
    }
```

```
function changelengthtest2() public{
    testarr1[0].length=5;
}

function getlength1() public view returns(uint){
    return testarr1.length;
}

function getlength2() public view    returns(uint){
    return testarr1[0].length;
}

    function getdefaultvalue() public view    returns(uint){
    return testarr1[0][4];
}
}
```

运行结果：一开始可以获得长度与总和，并且单击"initvalue1"按钮和"initvalue2"按钮没反应，如图 7-33 所示。

通过改变长度后，再进行赋值就有反应了，其总和发生了改变，说明赋值成功，而且默认值设置为 0，如图 7-34 所示。

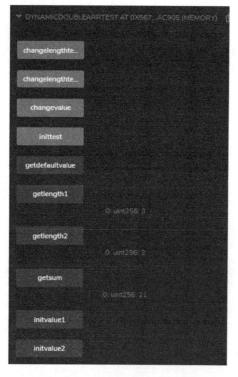

图 7-33  未赋值前的运行结果

图 7-34  赋值后的运行结果

最后单击"changevalue"按钮时，总和发生了改变，如图 7-35 所示。

图 7-35　执行 changevalue 后的结果

### 10. 数组自变量

结论：

（1）返回数组时，returns()括号中的类型应与 return 的数据类型相同。通过 getarr1 和 getarr2 可以知道，return 之后的会默认为最小数据类型，如小于 255 的就默认为 uint8 类型，return [256,2,3]就默认为 uint16 等，当 returns()中的 uint 默认为 uint256 时，就会报错。

（2）可以通过对 return()中的任意一个数值进行强制转换，来改变数据类型。

（3）可以直接接受参数来进行计算。

具体示例代码如下。

```
contract finaltest{
    function getarr1() public view returns(uint[3]){
        return [1,2,3];      //报错，此处为 uint8，而需要返回的是 uint256
    }
    function getarr2() public view returns(uint[3]){
        return [256,2,3];    //报错，此处为 uint16，而需要返回的是 uint256
    }
    function getarr3() public view returns(uint8[3]){
        return [1,2,3];      //成功
    }
    function getarr4() public view returns(uint16[3]){
        return [256,2,3];    //成功
    }
    function getarr5() public view returns(uint32[3]){
        return [uint32(1),2,3];    //可以通过对 return 中任意一个数值
                                   //进行强制转换，来改变其数据类型
```

```
    }
    function getarr6(uint[] num) public view returns(uint){
        uint sum=0;
        for(uint i=0;i<num.length;i++){
            sum+=num[i];        //可以直接接受参数进行计算
            //此处应该为[x1,x2,x3,x4,...,xn]
        }
        return sum;
    }
}
```

数组自变量的运行结果，如图 7-36 所示。

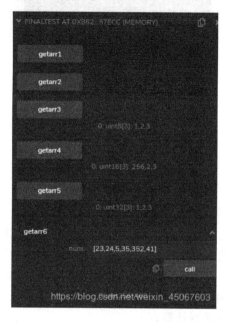

图 7-36　数组自变量的运行结果

## 7.5.5　任务 5　使用 Solidity 开发智能合约

### 1. 以太坊中的地址

结论：（1）以太坊中的地址以 40 位的十六进制数表示，存储以 uint160(40×4)进行数字存储；（2）地址之间支持大小比较。

以太坊中的地址显示及转换代码如下。

```
pragma solidity ^0.4.0;
contract whatisaddress{
    //0x75e453B2039c8A168b8Dab1AA97F4735618559De
    address account1;
    address account2 = 0x75e453B2039c8A168b8Dab1AA97F4735618559De;
    function showaddress1() public view returns(address){
        return account1;        //未赋值时，其参数为 0
    }
```

```
function showaddress2() public view returns(uint160){
    return uint160(account2);  //说明可以转化为 uint160 类型
}
function typechange(uint160 num) public view returns(address){
    return address(num);   //可以互相转换
}
//0x76E67229eaE13967955cb972658ca33bAa36b696
address account3 = 0x76E67229eaE13967955cb972658ca33bAa36b696;
function largetest() public view returns(bool){
    return account3>account1;
}
}
```

以太坊中的地址转换结果，如图 7-37 所示。

图 7-37　以太坊中的地址转换结果

### 2．转账操作与余额获取

结论：

（1）可以通过地址.balance 获取某个地址的余额；

（2）this 指的是当前合约的地址，如此处就是 paytest 合约的地址；

（3）转账可以通过 remix 图形界面来改变转账数目；

（4）对其他账户的转账需要使用账户名称.transfer（msg.value），或者账户名称.transfer（数量单位，如 1 ether），如果在输入 value 的同时又写有数量单位，那么多余的 value 会自动转账到合约地址中；

（5）如果对当前合约使用 transfer 转账 this.transfer(msg.value)，则必须要一个回滚函数；

（6）如果函数含有 payable 而函数又没有要求给某个账户转账的话，则会默认转账到合约中；

（7）send 和 transfer 的区别是，前者是底层函数，返回 bool 值。

转账操作与余额获取的代码如下。

```
contract    paytest{
    function payabletest() payable{
    }

    function getbalance(address account) public view returns(uint){
        return account.balance;
    }

    function thistest() public view returns(address){
        return this;
    }

    function transfertest1() payable public returns(uint){
        address account1=0xeb46e45709DE0b10AECa4A9C9D1800beB6a13C6C;    //账户随意
        account1.transfer(msg.value);
        return account1.balance;
    }

    function transfertest2()    payable public    returns(uint){
        this.transfer(msg.value);
        return this.balance;
    }

    function () payable{
    }
}
```

先得到 this 地址，再将 this 地址复制进去查看，可知此时合约余额为 0，如图 7-38 所示。

图 7-38　余额获取结果

修改 remix 界面中的 value 值，单击 "payabletest" 按钮，再进行调用就会发现余额发生了变化，如图 7-39 所示。

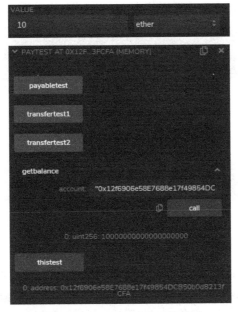

图 7-39 余额发生变化后的结果

原始 0xeb46e45709DE0b10AECa4A9C9D1800beB6a13C6C 地址的余额如图 7-40 所示。

图 7-40 原始余额

转账了 8 个数据，只接受 4 个，剩下的都转账到合约地址中了，如图 7-41 所示。

图 7-41 4 个转账数据

value 设置为 0。调用 sendtest，返回值为 true，如图 7-42 所示。

图 7-42　显示测试结果

调用 transfertest2，正常运行没有报错，如图 7-43 所示。

图 7-43　验证运行结果

### 3. mapping 映射

结论：定义映射 mapping(类型 1 => 类型 2)的映射名称，图 7-44 展示了映射结果。

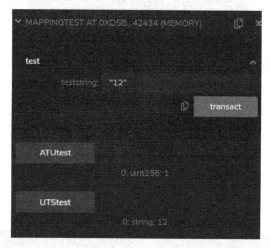

图 7-44　mapping 映射结果

mapping 映射代码如下。

```
contract mappingtest{
    mapping(address => uint) ATU;
    mapping(uint => string) UTS;
    uint sum=0;

    function test(string teststring) {
        address account=msg.sender;
        sum++;
        ATU[account]= sum;
        UTS[sum]= teststring;
    }

    function ATUtest() public view returns(uint){
```

```
        address account=msg.sender;
        return ATU[account];
    }

    function UTStest() public view returns(string){
        return UTS[sum];
    }

}
```

## 本章习题

**一、填空题**

智能合约（Smart Contract）概念最早是由_____提出的。

**二、思考题**

1. 请用一段话描述区块链上智能合约处理价值的工作原理。

2. 请你优化智能合约投票的逻辑关系，并在班级里进行一次投票活动。

# 第8章

## 区块链商业应用

&lt;&lt;&lt;&lt;&lt;&lt;

### ➡ 学习目标

◆ 理解区块链在清算和结算（以下简称清结算）领域的作用
◆ 掌握区块链在证券交易中的原理
◆ 掌握区块链对传统金融的解决方案
◆ 理解区块链在电子发票中的作用
◆ 理解区块链在商品防伪溯源和积分营销中的作用

### ➡ 引导案例

区块链由于其价值属性突出，尤其适用于商业领域。传统商业和金融价值转移不仅需要交易双方具有强信用，也需要第三方信用机构介入。区块链的加入实现了点对点的交易互信，去中心化的同时实现了去中介化，改善了商业领域的生产关系，能够充分释放商业潜能。下面我们就从商业和金融两个角度来学习区块链对于商业的应用。

### ➡ 相关知识

## 8.1 区块链+金融

区块链在金融中的应用

区块链的首个应用——比特币就属于金融范畴。金融是一种资金从盈余方向需求方转移的经济行为，其价值属性和区块链的价值转移特性相匹配，于是成为区块链技术最典型，也是最早应用的行业之一。在实际应用过程中，金融包括多种细分领域，如支付（国内和跨境）、证券、保险、供应链金融等。

## 8.1.1 支付

支付是一种发生于供给方和需求方之间的资金转移行为，与货物或服务的转移方向相反。支付流程包括两个重要环节，即支付方式和清结算。区块链在清结算过程中起到了举足轻重的作用。支付方式主要是由支付方和接收方协商确定，如现金支付、银行汇款、刷卡支付、移动支付等。清结算体现了区块链的重要价值，不管选用怎样的支付方式，都需要经过清结算，才算完成整个交易。清结算的方式需要整个支付系统内所有参与者达成共识，也就是说，需要多方协作。

**1. 传统支付和清结算的模式**

银行账户是支付和清结算的载体，主要分为国内银行支付和跨境银行支付。

国内银行支付主要基于境内的银行间网络来完成。各国都有自己的境内清结算中心，如中国人民银行的 CNAPS（China National Advanced Payment System，现代化支付系统）、美国的 ACH（Automatic Clearing House，自动清算中心）。而各国境内持牌的银行一般也都会接入该国结算中心的系统，因此境内汇款的清算过程相对高效。另外，由于各国银行的备付金账户都开在中国人民银行（央行），结算过程本质上是央行系统中各银行备付金账户间的结算，并不涉及真实的资金转移，因此结算过程可以与清算同步完成。

对于跨境银行支付来说，由于目前并不存在一个全球清算中心，且一个国家的支付结算系统不会随意允许其他国家的银行加入，因此在跨境汇款的过程中通常需要引入代理银行（Correspondent Bank）。目前银行间跨境支付主要依赖 SWIFT 通信网络进行信息交互，以及全球代理银行网络进行清结算。这种依赖中介的模式产生了高昂的手续费成本，其中包括汇出行手续费、使用 SWIFT 系统的通信费、中间各家代理行的手续费。如果涉及非直接换汇，还存在一定的汇率损失。除此之外，中间经过多层代理银行和多个清算系统也将耗费大量的时间，导致汇款时效性低，通常需要 3 个工作日左右才能到账。另外，整个汇款过程中，收、付双方都无法跟踪，不知道钱款汇转至哪一步，甚至在汇出时都无法得知准确的手续费用，因为中间经过几层代理银行、各家手续费是什么标准只有完成清结算之后才能知道。跨境银行汇款清结算流程如图 8-1 所示。

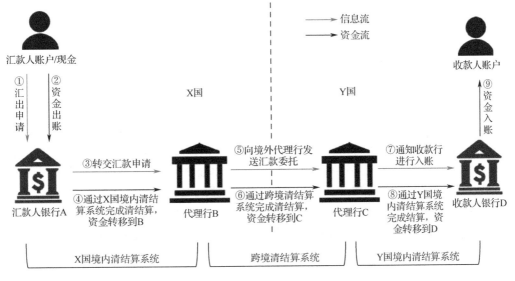

图 8-1 跨境银行汇款清结算流程

此外，不管是境内支付还是跨境支付，银行都会出于安全性考虑，在支付端设置一些限制。例如，国内一些银行设置的手机银行和网银的转账最高限额为单笔 100 万人民币，日累计 500 万人民币，因此置业付款等大额转账无法进行。而银行柜台转账虽然上限较高，单笔可达 1000 万人民币，但需要支付手续费，并且需要线下排队，效率低下。除此之外，各国境内的清结算机构都有固定的清结算时间段，如国内大额转账清结算由央行清结算系统在每个工作日的 17:15～20:30 进行，在清结算时间段内进行的转账支付将无法实时到账。

除了基于银行账户的支付清结算模式，还包括基于卡组织的支付和清结算模式、基于独立汇款公司的支付和清结算模式，以及基于第三方移动支付的支付和清结算模式。这些模式通常创造了一个比代理银行系统更便捷的网络，无须经过一层层的消息处理，可以提高支付的效率。但这些模式仍然有一些限制，如卡组织主要服务于 C 端持卡用户，不适用于企业的支付需求及大额支付需求。独立汇款公司的手续费非常高，部分国家高达 10%，并且有币种和金额的限制，如西联公司在中国汇出上限为 15000 美元，仅接受美元汇出。

以上模式大多需要依赖银行账户，以及和银行间的清结算系统。但在很多国家银行服务并不普及，如菲律宾。根据菲律宾中央银行 2017 年发布的调查显示，菲律宾有 86%的家庭没有银行账户，主要原因是人们没有足够的钱存入银行，以及对银行的信任缺失。而菲律宾 2015 年的汇款总额达到 GDP 的 10%。在这类地区，现有的支付服务模式并没有办法满足无银行账户人群的支付需求。

因此，现有支付清结算模式中主要存在以下问题：

（1）手续费高、时效性低；

（2）支付限制较多，如金额上限、时间限制、币种限制；

（3）汇款过程不透明，无法追溯；

（4）主要服务于银行客户，没有银行账户的人群支付服务仍然比较匮乏。

**2. 区块链改变清结算模式**

区块链对于清结算模式的改变主要分为"基于分布式账本的多方协调模式"和"基于数字货币的支付和清结算模式"，作用在于改善现有支付系统存在的问题。

第 1 种方式为基于分布式账本的多方协调模式。这种模式主要利用区块链的不可篡改性，建立多主体之间的可信账本，因而只需通过区块链上的智能合约进行自动清结算，无须进行层层代理银行的人工审核，以及各种单一系统的清结算。这样各银行间可以进行点对点的支付和结算，显著提高了清结算效率。这个模式是对银行系统（现有大部分支付方式的底层清结算系统）的改善，因此，它可以直接适用于大部分现有支付工具。

案例分析：中国招商银行（以下简称招行）区块链跨境直联清算

招行于 2016 年年初关注到区块链技术对银行业务带来的机遇。6 月，招行完成了全球现金管理（Global Cash Management）领域的跨境直联清算业务 POC 实验。在模拟环境稳定运行半年后，2017 年 2 月 24 日，招行宣布在总行、香港分行和永隆银行两岸三地间，正式实现区块链技术的商用，将其应用于跨境直联清算、全球账户统一视图，以及跨境资金归集这三个业务。

招行的跨境直联清算系统在改造前存在一些问题，如只支持总行与海外分行之间的交换，海外分行之间没有办法直接进行交换；手工审批环节多，系统操作复杂；新的海外机构加入困难，实施周期长等。

通过应用区块链对原有系统进行改造，招行将 6 个海外机构和总行都连入区块链，网络中任意机构都可以发起清算请求或进行清算。基于区块链的新跨境直联清算系统显著提高了清算效率，报文传递时间由6分钟减至秒级。同时，处于私有链封闭网络环境中的报文也很难篡改和伪造，提高了安全性。另外，由于分布式的架构没有核心节点，其中任何一个节点出现故障都不会影响整个系统的运作，增强了系统的可用性。

第2种方式为基于数字货币的支付和清结算模式。该模式独立于银行系统，除了利用区块链分布式账本的不可篡改性，还需要借用数字货币这个新型载体。数字货币可由区块链记账与非对称加密形成价值载体，通常不要求使用者拥有银行账户，而是通过数字钱包进行支付。用户只需拥有联网设备就可进行支付和转账，极大降低了支付双方的壁垒，可服务于无银行账户的群体。另外，数字的存在形式是一串代码或是一种记账形式，转账完成的同时清结算也就自动完成了，真正实现信息流和资金流的合一。因此，数字货币可实现点对点的支付，中间成本极低。除此之外，由于数字货币具有可编程性，其支付可以实现更透明的链上追溯。同时，可以通过设置用户授权，保护用户的隐私。

近几年，全球出现了众多用于支付的数字货币。它们通常以法币作为抵押物，可保证价值稳定，主要包括私人部门发行的数字货币项目，如Facebook等巨头联合发起的Libra项目，由UBS、巴克莱、纳斯达克等14家银行和金融机构联合发起的Utility Settlement Coin项目，由JP Morgan发起的JPM Coin项目等，以及政府部门发行的法定数字货币，如我国计划发行的DCEP。

案例分析：摩根大通银行间清结算数字货币JPMCoin

JPMCoin是摩根大通发行的数字稳定币，运行在其联盟链Quorum上，价值为1∶1锚定美元，将美元储备放在摩根大通的指定账户中。只有通过摩根大通KYC的机构客户才能使用JPMCoin进行交易。

Quorum的目标是充当公司和银行之间的桥梁。摩根大通已将220家银行纳入其银行间信息网络。Quorum将有助于这个未来的网络消除外国代理行之间的痛点。

当一个客户通过区块链向另一个客户发送资金时，JPMCoin将被转移并立即兑换成等值的美元，从而缩短了结算时间。图8-2描述了JPMCoin兑换支付流程。

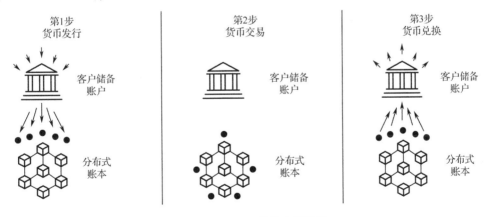

图8-2　JPMCoin兑换支付流程

（1）摩根大通的客户将存款存入一个指定账户，并获得等量的JPMCoin。

（2）这些JPMCoin通过区块链网络与摩根大通的其他客户进行交易（如资金流动、证券交易中的支付）。

（3）JPMCoin 的持有者在摩根大通兑换美元。

## 8.1.2 证券

证券是多种经济权益凭证的统称，也指专门的种类产品，是用来证明券票持有人享有的某种特定权益的法律凭证。证券行业可细分为交易前、交易中、交易后三个环节。交易前环节包括证券的发行、投资人的 KYC 等；交易中环节包括证券的买卖和转让；交易后环节包括登记、清算、交收、分红派息等。区块链技术在证券领域的价值主要体现在交易前环节和交易后环节。

对于交易前环节，传统的证券发行需要提交招股书，并且需要聘请第三方审计公司对历史财务报表进行审计。对于发行方来说，中介成本非常高；对于投资人来说，证券的发行需要基于对发行方和中介机构的信任。如果发行方财务信息造假，而审计事务所又有心或无意地忽略了这个事实，不管他们是否会被处罚，投资人都将蒙受无法挽回的损失。

而基于区块链，可以从公司创立阶段就进行链上的股权登记，且每年的财务信息、报税信息、股权变更等信息都在区块链上保存。一方面能够增加一级市场股权交易的流动性，另一方面也为未来可能发生的证券公开发行打下信任基础。在进入二级市场之前，可以设置参与者的权限，实现部分参与者可见。在公开发行证券时，由于一切历史都记录在区块链上，则无须依赖中介的背书，这可以节省大量中介费；监管机构也可以在区块链上对该企业的历史进行追溯，从而降低审核成本。

对于交易后环节，传统交易后流程冗长烦琐，涉及主体繁多，并且存在重复性的数据核对，所消耗的人力和时间成本较高。证券交易后的流程如图 8-3 所示，也正是因为这些环节，证券市场难以实现 T+0 的交易。

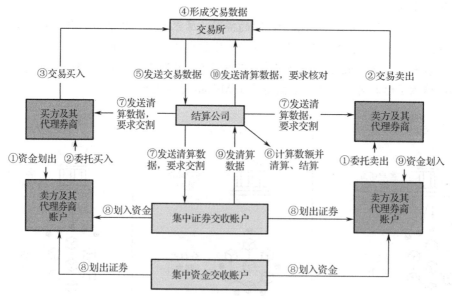

图 8-3　证券交易后的流程

在证券交易后的流程中，区块链的作用是基于区块链发行的证券可以实现点对点的交易，并在此基础上引入智能合约，让整个网络基于事先设定的规则进行自动清算与交割。另外，区块链网络也可以给各个参与方设置不同的权限，如"投资""发行""记账和结算""监管"等，使得不同参与方根据自己的权限有序在网络中执行操作，获得真实无篡改的数据。

同时，区块链证券具有可编程性，结合投资人在 KYC 之后建立的不同权限的链上身份，可以通过程序对投资人的交易做出限制，如可交易的证券类别、各个证券所对应的有交易权限的投资人群体等。这样就可以实现在可信环境中执行部分监管的要求，如禁售、停牌等。

案例分析：纳斯达克（NASDAQ）股权登记平台（Linq）

美国知名交易所纳斯达克早在 2015 年就推出了基于区块链的股权登记平台（Linq）。出售私有股权的初创公司可以在系统上查看股份证书向投资者的发放情况、证书的有效性及其他信息，如资产编号、每股价格等；还能以互动模式搜寻证书、查看最近的证书，或查看哪些投资者在企业内持有最多的股份。该平台将股权从登记到执行的数据信息，连续记录在区块链上并形成唯一的数字凭证，以保证信息的真实完整性和可追溯性。

此前未上市公司的股权融资和转手交易需要大量手工作业，需要人工处理纸质股票凭证、期权发放和可换票据，以及律师需要手动验证电子表格，这些都可能造成人为错误，又难以留下审计痕迹。通过 Linq 进行私募的股票发行者享有数字化所有权。另外，现有股权交易市场标准结算时间为 3 天，区块链技术的应用却能将时间缩短到 10 分钟，能有效降低资金成本和系统性风险。交易双方在线完成发行和申购材料，也能有效简化多余的文字工作，发行者因繁重的审批流程所面临的行政风险和负担也大为降低。

2018 年 6 月，区块链创业公司 Chain 成功使用 Linq 平台发行了公司股份，成为 Linq 平台上首支私募股票。

## 8.1.3　供应链金融

供应链金融是指银行围绕核心企业，管理上下游中小企业的资金流和物流，并把单个企业的不可控风险转变为供应链企业整体的可控风险，通过立体获取各类信息，将风险控制在最低的金融服务。在融资过程中引入核心企业、物流公司等供应链参与主体作为新的风险控制变量，对供应链上申请融资的企业提供信贷支持及其他综合服务。

（1）供应链金融的模式与难点

产业链上的中小企业是供应链金融主要服务的对象。依靠核心企业的高资信，通过 ERP 及其他系统精准地掌握供应链上商品流通，以及资金流通的信息，并结合物流企业提供的抵押物信息，为供应链上的企业提供融资服务。与传统的融资方式最大的不同在于，供应链金融不是单独对个体企业进行资信考核，而是侧重于对供应链上的核心企业及整体供应链的运营情况进行考核。供应链金融模式如图 8-4 所示。

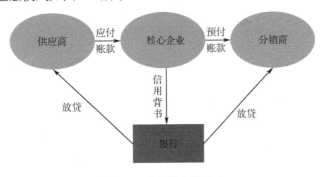

图 8-4　供应链金融模式

由于供应链金融依赖链条上的各个环节，因此存在典型的多方协同与信任成本高的问题。具体来说，包括数据无法打通造成的供应链信息孤岛；信任缺乏导致的核心企业信用难以跨级传递；商业票据无法拆分导致中小企业资金使用率不高，流转较为困难，以及可能存在的贸易造假、重复融资、合同违约等情况。这些问题在传统的供应链金融模式中仍然不能避免，因此制约了银行等金融机构对供应链上中小企业的融资效率和金额。

（2）区块链改善供应链金融模式

本质上，传统供应链金融模式的难点均由信任问题所衍生。区块链技术凭借其分布式账本技术、密码学基础等具有不可篡改、可追溯、高透明等特性，解决了供应链金融中核心的信任问题。通过建立高效透明的信任机制，为供应链金融生态体系的运行降本提效。

① 可以将供应链中的企业、保理公司、金融机构、物流机构及监管方等架设为区块链生态节点，对供应链上真实贸易数据加密，并在生态各节点交叉验证后上链，实现贸易信息的真实可信、可溯源，最大限度上打通供应链条上所有参与企业的信息流通。

② 可以将应收账款、贸易单据等凭证上链实现金融资产数字化。数字凭证可以实现链上可流转、可拆分，既可以作为支付凭证给上级供应链，也可以作为信用凭证抵押给金融机构获取贷款，以缓解企业现金流困难，提高了融资效率。

③ 基于区块链的供应链金融可以成为一个企业征信平台。因为信息上链后就无法篡改，并接受区块链节点的监督。企业可以通过授权信用查询，将履约的信用记录出示给合作伙伴或金融机构。金融机构或监管机构也可以通过基于区块链的企业征信平台，了解企业的信用历史，或是未来的履约能力，对整体的营商环境有全面了解，降低尽职调查的实施难度，实现更好的风险控制。

案例分析：联动优势——基于区块链的跨境保理融资授信管理平台

联动优势是由中国移动与中国银联联合发起成立的移动金融及移动电子商务产业链服务提供商。联动优势针对涉及跨境贸易的中小供应商企业融资难、融资贵、融资慢等问题，联合了跨境支付机构、境内保理公司、境外电商平台，共同推出了基于区块链的跨境保理融资授信管理平台，为中小企业提供基于跨境贸易订单的融资授信服务，解决了中小企业融资问题。同时也帮助保理公司有效地控制业务风险，有助其进一步扩大业务服务范围。基于区块链的跨境保理融资授信管理平台业务流程如图8-5所示。

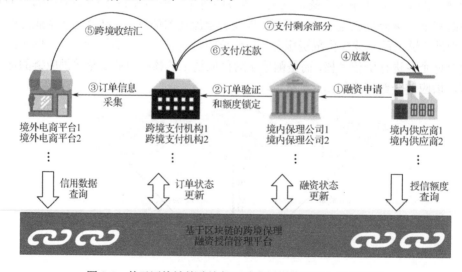

图8-5　基于区块链的跨境保理融资授信管理平台业务流程

通过数字证书进行准入许可，对参与方进行身份认证和授权，确保数据上链前的真实性。基于自主可控的联盟链，确保了数据上链后不被篡改。

平台采用 UTXO 模型对授信额度进行精确而灵活的控制和调整，一方面，授信平台严格控制供应商每次融资额度不超过其总体授信额度。另一方面，授信平台及时根据其订单状态、融资情况、还款情况对授信额度进行精准调整。

对保理公司而言，通过跨境支付公司，可以确保订单回款将优先还款给保理公司，有效降低贷后风险，从而可以为更多的供应商提供融资服务，扩大其放贷业务范围。对供应商而言，通过跨境支付公司，简化订单回款和融资还款等操作，提高业务效率。通过保理公司，及时地获得融资服务，提高资金效率。

一方面平台开放了标准接口，更容易对接订单和融资的所有相关方跟踪订单和融资的全过程，打破了各家公司间的数据孤岛，有效防范供应商利用相同订单进行多头借贷和超额融资，提高了保理公司的风控能力，降低由于供应商还款能力造成的资金风险。另一方面，在已有的数据基础上，提供授信额度查询、信用数据查询等增值服务，帮助供应商能够更方便地使用其授信额度进行融资，使境外电商平台更容易地选择良好的供应商。

保理公司从授信平台获取供应商的运营数据和订单信息，审核效率提升了 3 倍，融资审核期限大幅缩短。自平台运营以来，供应商的还款履约率为 100%，保理公司的坏债率维持在最低水平。

## 8.2　区块链+商业

区块链在商业中的应用

商业是以货币为媒介进行交换从而实现商品流通的经济活动。利用区块链技术来探索数字经济模式创新，为打造便捷高效、公平竞争、稳定透明的营商环境提供动力，为推进供给侧结构性改革、实现各行业供需有效对接提供服务，为加快新旧动能接续转换、推动经济高质量发展提供支撑。

下面主要选取三个相关领域来阐述区块链技术在商业领域的作用和优势，包括电子发票、商品的防伪溯源和积分营销。

### 8.2.1　电子发票

中国的税务发票系统在世界上处于较为先进的地位，但仍存在假发票难管控、难杜绝的问题，其主要有三种表现方式，即假发票、虚开发票和套用发票。假发票即私印、伪造发票；虚开发票即为真票假开，指没有如实开具发票的一种舞弊行为；套用发票则指套用发票自填自报的行为。另外，发票的开具、报销等流程烦琐。对税务局来说，报销涉及很多的人工整理、人工审核工作，效率低下；对报销企业来说，每次都需要整理纸质发票、核算金额，并且还要担心出现"一票多报"和"假发票"等问题，防止出现财务管理及税务违法的风险。以上痛点均是由于税务管理部门无法明确获知企业资金流水数据所导致的，而企业又不愿意将自身的财务数据公之于众，税务管理部门和企业均存在一定的信息割裂。

针对电子发票面临的痛点，区块链技术能够利用自身特性解决相应问题。保障发票真实性的问题，将发票产生即上链保存，确保每张发票对应着真实消费，从而保证了发票的真实性、唯一性，结合区块链的不可篡改性，从源头上杜绝了"假发票"问题。针对一票多销的问题，报销环节中，区块链让各个环节的部门成为节点，对接多个系统，互相打通，实现电子发票链上流转发票可快速查证，降低了审核过程的时间成本，打通"支付——开具——报销——入账"的全流程，极大精简了开票、报销的流程，解决一票多销的问题。让开票更便捷，让消费者更舒心，也降低了纸质票的印刷成本与其中各环节的人工成本。同时，区块链电子发票可以追溯全生命周期，开具、流转、报销、存档等所有发票流向环节都可以进行全方位管理，帮助税务局等监管方实现实时性全流程监管。

案例分析：腾讯区块链电子发票

2018 年 8 月，由国家税务总局指导、国家税务总局深圳市税务局主导，腾讯区块链提供底层技术支撑的区块链电子发票实现落地。首张区块链电子发票在深圳国贸旋转餐厅开出，此次深圳市税务局携手腾讯落地的区块链电子发票，将"资金流、发票流"二流合一，将发票开具与线上支付相结合，打通了发票申领、开票、报销、报税全流程。图 8-6 为首张区块链电子发票。

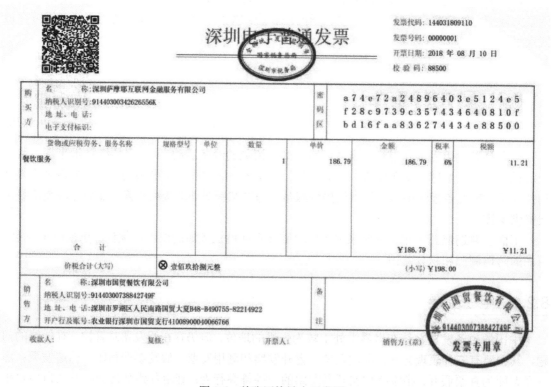

图 8-6　首张区块链电子发票

开具区块链电子发票的操作流程如下。

（1）税务机关将开票规则部署上链，包括开票限制性条件等，并在链上实时核准和管控开票；

（2）开票企业申领发票，将订单信息和链上身份标识上链；

（3）纳税人认领发票，并在链上更新纳税人身份标识；

（4）收票企业验收发票，包括锁定链上发票状态、审核入账、更新链上发票状态、支付报销款。

腾讯的区块链电子发票利用区块链的分布式记账、多方共识和非对称加密等机制，首先解决了发票流转信息上链的问题。打通了信息孤岛，并通过链上身份标识，确保了发票的唯一性和信息记录的不可篡改性。然后纳入税务局等监管机构，帮助政府实现更好的全流程监管。最后，腾讯区块链电子发票将税务机关、开票企业、纳税人、收票企业整合到区块链上，实现发票开具与线上支付相结合的效果，打通了发票申领、开票、报销和报税的整体流程。腾讯区块链电子发票业务流程如图8-7所示。

图 8-7　腾讯区块链电子发票业务流程

对于商家而言，区块链电子发票提高了店面运转效率，节省了管理成本。企业开票、用票更加便捷和规范。在线申领和开具发票还可以对接企业的财务软件，实现即时入账和报销，真实可信，后续可拓展至纳税申报。

对于纳税服务方的税务局而言，区块链电子发票通过"资金流、发票流"的二流合一，将发票开具与线上支付相结合，实现"交易数据即发票"，有效解决开具发票填写不实、不开、少开等问题，保障税款及时、足额入库。此外，通过该区块链管理平台，可实时监控发票开具、流转、报销全流程的状态，对发票实现全方位管理。

对于消费者而言，通过手机微信，消费者结账后即可自助申请开票，一键报销，发票信息将实时同步至企业和税局，报销款便会自动到账。收票、报销实现电子化与便捷性，达到"交易即开票，开票即报销"。

区块链电子发票已广泛应用于金融保险、零售超市、酒店餐饮、互联网服务等数百个行业。

## 8.2.2　商品的防伪溯源

对于一个企业，建立良好的品牌效应，意味着将吸引更多的潜在消费者。然而，企业的逐利性使假冒伪劣事件频发，损害了消费者的利益与安全，也损坏了企业的名誉和信誉。防伪溯源技术的合理利用，将有效维护企业品牌利益与消费者权益，推动产品质量的提高。

防伪溯源是指对商品的生产、加工、运输、流通、零售等环节的追踪记录，通过产业链上下游的各方广泛参与来实现。传统的防伪溯源通过二维码、条形码、RFID 无线射频技术等手段，记录和传输商品生产与流转信息，以便为查询、追责、管理等溯源行为提供凭证的多环节协同行为。

传统的防伪溯源主要面临数据存储中心化、易篡改、政府监管难、流通环节数据分散等问题。一方面，商品从生产到流通的环节往往链条很长，如跨境贸易则环节更复杂，供应链管理系统上的参与者互相独立，难以提供可靠信息，导致产业链上出现参与方之间信任不足、数据存储信息孤立、通信与数据格式标准不一等问题。频繁出现的不透明产品信息、品控难且追溯难的商品及失职责任难界定等现象，使产品质量难以得到保障。另一方面，互联网溯源产品已经在逐步发展，但很多仍然是企业自主登记，无法保证数据从源头的真实性，或由单一机构进行供应链管理和登记，无法确保数据没有被篡改和编造。

因此，区块链可以利用其分布式账本、时间戳等技术特点，结合物联网、人工智能等相关技术，让各个供应链环节的企业在统一账本中进行数据自动登记上链，并进行交叉验证，保证商品信息的真实性。并且区块链的链式结构、时间戳和哈希值可以保证上链信息的不可篡改，让终端的消费者可以随时查到真实的商品数据，从而保障了消费者的权利。

基于区块链的可追溯性，如果有产品质量问题，监管机构将可以快速定位问题源头，进行高效监管监督，推动企业主动提高产品质量，减少假冒伪劣产品。

案例分析：普洱茶区块链防伪溯源平台

2019年12月，京东数字科技集团（以下简称京东数科）正式在云南省玉溪市推出普洱茶区块链防伪溯源平台。利用人工智能、物联网与区块链技术相结合，将普洱茶饼独特的纹理特征记录与数字"身份证"进行匹配，从源头上保证了真正的普洱茶饼与数字信息的唯一对应。此外，外包装的二维码和茶饼图案形成"两码合一"，结合区块链无法篡改记录的特征，有效解决了普洱茶流通过程中的痛点。

普洱茶经过揉捻、蒸茶、压制等系列工序，形成普洱茶饼的纹路完全是随机的，因此，每个普洱茶饼的纹路也就是其独一无二的"身份证"。

该平台通过人工智能图像采集，获得每块茶饼的独特特征，并将这个"身份证"写入包装上的二维码，并存入区块链，形成链下ID和链上ID的一一对应，保证了链下实体茶饼不会被转移或调包。在之后的运输过程中，还引入了深度学习图像识别和局部特征匹配技术，以确保任何环节都可以对茶饼验证真伪。

以茶饼识别"身份证"为核心，京东数科在普洱茶区块链追溯平台实现了"出生证"+"身份证"+"居住证"+"学历证"的多重认证，以可信供应链打通了产业流通领域的全部环节。例如，在茶叶种植采摘的环节，结合茶园IoT设备的布局，采集种植信息并进行图像留存，从源头颁发"出生证"；在生产加工的环节，基于茶饼纹路的独特性，评价检测溯源专业机构颁发"身份证"；在仓储物流环节，由茶仓联合协会颁发履历认可的"居住证"，涵盖保值和增值的认证图像留存、仓库地理标志等；此外，在流通销售环节，由专业认证机构+大众的社交点评方式对茶叶的安全与品质，进行如同"学历证"的综合评价。普洱茶区块链防伪追溯平台应用还将集聚玉溪当地政府资源、当地知名茶企，充分进行落地应用，实现种植采摘、生产加工和销售流通的全渠道追溯，共同推动普洱茶产业进行数字化全面升级。普洱茶识别追溯系统应用界面如图8-8所示。

图 8-8　普洱茶识别追溯系统应用界面

## 8.2.3　积分营销

会员及积分管理是企业最主要的营销手段之一，通过会员等级、折扣促销、积分礼品兑换等方式来输出会员权益，提高会员忠诚度，增强企业整体的用户黏性。

目前，传统的企业积分运营体系存在诸多痛点，影响了会员激励与管理的效率。

（1）传统积分体系通常较为封闭，积分"自产自销"，获取途径和使用途径都较为受限，无法与其他积分进行便利的兑换。对于用户来说，可能在多个平台处均有会员积分，或存在很多长尾积分，无法综合利用，实现效用的最大化。从企业的角度来看，生态内积分的封闭性也使会员积分的权益价值较低，对会员的激励效果和营销效率都相应减弱。

（2）积分的一个常用权益兑现方式为兑换礼品、服务等，除了企业本身已有的产品，大部分的礼品可能来自外部的服务商，如航空公司积分、支付宝积分等，通常都可以兑换各种商品。在出现外部权益服务商的情况下，积分之间的对账是一个非常烦琐的工作，通常先由服务商收到用户支付的积分后再与企业进行清结算。而传统积分由单一企业进行数据的记录和维护，整体发行，以及在平台、商户、用户之间流转的过程不透明，数据可任意篡改，可能出现积分滥发、失效、对账错误等损害用户和商户利益的情况。

而基于区块链的会员积分体系则可以利用区块链分布式账本的技术特性，有效解决当前积分系统封闭及各方信息不透明的情况。通过区块链可以搭建企业间的积分兑换平台，取代基于文件传输的积分兑换方案，使得企业之间能实现积分实时清算，用户能够随时随地兑换其他企业的积分，促使碎片化积分发挥最大的价值，从而帮助企业更好地维护用户，发挥会员积分的营销效果，增强营销有效性。对于存在多个权益服务商的平台，区块链技术通过让多方共享账本，信息互通，从而更好地监管积分的发行、销毁和流通，进行积分在平台、用户和服务商之间的支付和清算，提高积分清结算的效率。

积分结合区块链技术可以形成一个可信的积分营销体系。未来平台也可不断扩大生态服务商，加入营销商环节。当会员积分可以作为生态内支付权益的手段后，还可通过区块链积分的可编程特性实现营销商、服务商、平台之间的实时分润，让营销数据和效果透明化，更好地实现精准营销，增强用户黏性，同时减少多方合作的信任成本，实现多方共赢。

案例分析：壳牌石油——区块链用户积分平台

壳牌石油传统的单一广告营销方式已经不足以吸引新用户，并且难以量化营销成果，给予有贡献的人合理激励。

壳牌石油联合火币中国，打造区块链用户积分平台，将合作伙伴、业务站点、分销商和客户纳入同一生态系统之中，打通企业和客户之间的障碍，建立起双方的信任，让消费和使用更透明。同时打通产业链上下游和周边商业资源。打造信任体系，便于多方合作，减少合作成本，实现多方共赢。提供积分"发行——流通——激励——结算——汇兑"全流程服务，打造完整的通证经济系统。

用户可自行发起团购，通过社交媒体及个人朋友圈邀请拼团，这种模式能最大限度地发挥社群中社交活跃用户的力量，帮助企业进行新用户引流。基于区块链及结算智能合约，可以更容易定位真实的发起人，以便给予更合理的激励。图8-9为壳牌石油区块链用户积分系统。

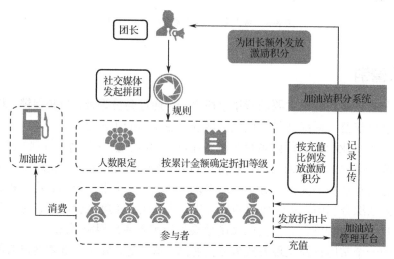

图8-9　壳牌石油区块链用户积分系统

# 本章习题

**一、填空题**

1. 区块链技术对于清结算模式的改变主要分为_____和_____，作用在于改善现有支付系统存在的问题。

2. 区块链技术在证券领域的价值主要体现在_____和_____。

3. 防伪溯源是指对商品的生产、_____、_____、流通、_____等环节的追踪记录，通过产业链上下游的各方广泛参与来实现。

**二、单项选择题**

1. 以下哪个选项不属于现有支付清结算模式中主要存在的问题？（　　　　）

A. 支付限制较多，如金额上限、时间限制、币种限制

B. 主要服务于银行客户，没有银行账户的人群支付服务仍然比较匮乏

C. 汇款过程不透明，无法追溯

D. 手续费低、时效性高

2. 以下哪个选项不属于证券的交易后环节？（　　　）

A. 登记　　　　　B. 清算　　　　　C. KYC　　　　　D. 分红派息

### 三、简答题

1. 简述区块链改造传统防伪溯源领域的过程。

2. 简述传统电子发票的痛点和区块链在电子发票领域的作用。

# 第9章

# 区块链民生应用

## 学习目标

◆ 理解区块链在传统教育中的作用
◆ 理解区块链在传统医疗行业中的作用
◆ 了解区块链在公益事业中的价值
◆ 了解区块链赋能智慧城市的内容
◆ 了解区块链助力数字身份和征信行业的内容
◆ 了解区块链助力政务管理的内容

## 引导案例

区块链不仅在商业领域中应用广泛，基于其不可篡改、可追溯等特点，即使是不具备价值转移等特性，也在民生领域发挥着重要的作用。区块链基于"互联网 2.0"的特征对教育、医疗、公益、智慧城市、城际互通、政务等行业进行深入改造，产生了深远的影响。下面我们将从上述 6 个方面对区块链在民生领域的作用进行阐述。

## 相关知识

## 9.1 区块链+教育

区块链在教育中的应用

教育领域主要有以下问题可以利用区块链技术进行改善。

① 各类证书作假与学术欺诈。伊利诺伊大学物理学教授 George Gollin 对文凭造假现象的调查发现，仅美国每年都有约 20 万份虚假学历证书从非法文凭提供商处售出。造成学术欺诈的一个重要原因就是，教育信息统计的不完整和分散，使得认证成本高，并且验证困难。②简历上的个人经历等信息不对称。企业为了验证简历上所有信息真实无误所要付出的成本极高，

何况部分信息（如实习经历、工作经历等）并未进行数字化的录入，难以进行查验。这给应聘者在简历造假上创造了可能，因此招聘时人才资历真实性认证存在难点。③当前在线教育的教学质量无法保证。由于在线教育的信息不对称性强，教育机构与教师的资质、教育评价都可能存在造假的情况，学生及家长难以判断教育机构的服务质量。

因此，对于以上信息不对称的情况，区块链技术主要利用其不可篡改、可追溯的特点来保证教育信息的真实性。

对于学生个人建立全维度的教育和职业信息体系。除了将学历、学位和学习成绩等常规的学生信息上链储存，同时也能记录学生在学习过程中的其他重要数据，如课堂出勤率、奖项荣誉、社团活动、实习经历、职业等级证书等其他信息。求职过程中，通过建立企业、学校的互通，使企业招聘时能够直接从区块链平台上获得相关的真实数据。链上数据的真实性让企业无须再花费大量人力及成本对应聘者进行背景调查。

对于教师建立链上评价体系和教师个人价值体系。学生或家长可以在接受教育服务后对教育机构或教师的服务进行真实评价并上链，这些评价会倒逼教育服务提供者提升自身的教学质量，杜绝虚假教学资质的教育机构及教师的存在，保障学生的权益。同时，对于有出色教学内容和良好评价的教师可以建立自己的链上价值，跳出中介平台直接和学生进行点对点的教育和知识付费。

案例分析：伦敦大学学院区块链学历认证试点

伦敦大学学院区块链技术中心（University College London Centre for Blockchain Technologies，UCL CBT）与伦敦的区块链初创技术公司（Gradbase Limited）开展了一项试点计划，为所有 2016 年和 2017 年的金融风险管理理科硕士毕业生颁发了基于区块链的学历证书，并提供便于验证的二维码，使毕业生可以通过扫描二维码验证可信的学历信息。

具体流程如下。该试点范围内的毕业生先在 Gradbase Limited 的网站上注册其学位的详细信息，然后由 UCL CBT 检查这些数据的有效性后，生成一个电子表格，并将其再次上传到 Gradbase Limited 的平台上，同时在区块链上发布可以验证这些学位真实性的交易，最后向学生发送二维码。二维码可以放在学生的简历、名片、个人网站上，也可以嵌入 Linkedin（社交平台）中，向任何人展示其学历的真实性。区块链能够保证数据的 7×24 小时的可用性和不可篡改性，这意味着真实的数据永远不会被篡改，并且始终可验证。Gradbase Limited 的区块链学历认证二维码如图 9-1 所示。

图 9-1　Gradbase Limited 的区块链学历认证二维码

由于区块链学历可由分布式账本组成的网络进行即时加密验证和自动检查，雇主在招聘过程中可以提前完成学位检查，减少了签发机构应对验证请求的工作时间。同时，使拥有真正学历的候选人享有应得的优势，减少就业市场上的不公平。

案例分析：广西壮族自治区高等教育自学考试网络助学平台"正保自考 365"

"正保自考 365"是正保远程教育旗下以自考咨询和自考辅导课程为主的教育型网站，拥有 2000 多名辅导老师及 300 多名高校教授的强大师资团队，以及完整的教学体系。"正保自考 365"也是广西招生考试院唯一指定的网络助学平台。目前广西壮族自治区的广西大学、广西民族大学、广西师范大学、桂林电子科技大学等众多院校均已加入该平台，且已有 70 个国家及地区承认其高等教育自学考试学历及学位。

由于该平台是一个在线教育网站，学生的过程性考核、课程表现等较为细节的学习过程无法被很好地监督和认证，对于学生的学习激励也不够强。区块链技术利用不可篡改、可验证等特点，可以基于区块链记录并存储学生的学习过程，对其学习行为进行细致的追踪和记录。一方面有利于学校更好地管理学生学习状态，提供更具个性化的培养计划；另一方面也可以为学生颁发区块链上的学习证明，更具有可信度，促进学习者、学校和雇主共享学习过程和学习认证等方面的数据，建设可信的教育信息化管理平台。

因此，为确保考核成绩、学历及学位的真实可信，该平台引入区块链技术，利用区块链技术对自考学生的培训过程、考核成绩、学历、学位等信息进行认证记录，促进学生、教育机构及企业之间的数据共享，打破当前数据孤岛的现状，让数据更加透明化。同时，利用区块链点对点传输、可验证、不可篡改及可追溯等特点，对学生的教育背景提供可靠的数据支撑，并且做到数据的可信、可追溯，便于毕业审核及招聘单位寻求人才。

正保远程教育的区块链平台"Link100 职业能力链"已经于 2019 年 3 月获得国家互联网信息办公室发布的第一批境内区块链信息服务备案。"正保自考 365"平台也给自考生颁发了国内首批"区块链结课证书"。如图 9-2 展示的是"正保自考 365"的结课证书。

图 9-2 "正保自考 365"的结课证书

区块链在医疗中的应用

## 9.2　区块链+医疗

医疗健康行业以保障人民群众身心健康为目标，主要包括医疗服务、健康管理、医疗保险及其他相关服务，涉及的产业范围广、产业链长，如制药制剂、医疗器械、保健用品、保健食品及健身用品等。

随着互联网科技的发展，传统医疗产业的信息化、数字化改造已大部分完成，"互联网+医疗"的各种商业模式也趋于成熟，进入了稳健发展阶段。寻医问诊、报销支付等流程变得更加便捷和扁平化，互联网技术的嵌入也解决了部分信息不对称的问题，但由于医疗领域的特殊性，仍存在许多问题或症结尚未解决。

其中最主要的问题来自医疗数据的隐私敏感性所造成的数据孤岛。相关法律规定医疗机构应将患者数据进行保密，因此多数医疗机构不能将医疗信息对外公开，造成医疗信息流通不顺畅，各个医疗机构形成了数据孤岛。这将导致患者在就医过程中诸多的不便，如患者在转院治疗的过程中，就面临相同项目需要重复检查的窘境，造成金钱及时间上的浪费。医疗资源未能有效利用，患者就医体验差。数据孤岛也导致临床数据缺失，不利于药物的研发。

此外，在药品方面，假药、劣药的制造销售难以根除。由于缺乏适当的追踪机制，药物供应链中制造、流通、贮藏、销售等环节存在不规范的现象，如医药销售网点不具备经营资格、药物或疫苗贮藏标准不达标，导致了假药、劣药的出现。根据 WHO（世界卫生组织）对中低收入发展中国家的调查，考察了超过 4.8 万个样品药物，得出发展中国家市场上销售的药物中，每 10 种药物就有 1 种是假药或劣药的结论。

使用区块链技术，将在保障患者数据隐私的前提下，打通医疗数据的信息流通，改善机构之间互为数据孤岛的现状，重建医患之间的信任，提高行业效率。

在医疗诊断中，使用区块链技术构建电子病历数据库，将患者的健康状况、家族病史、用药历史等信息记录在区块链上，并结合 MPC（安全多方计算）、TEE（可信执行环境）等隐私保护技术保护患者相关信息数据，确保患者隐私不被侵犯。通过区块链平台上的数据共享，使更大范围、不同层次的医疗机构之间的信息通道得以打通，并设置数据使用权限。这样，将可以减少患者的重复诊断，提高就医体验。数据孤岛打通后，临床医疗资料也可以被更好地利用，进行后续产品的研发。

针对假药和劣药，我们可以建立基于区块链的药物供应链平台，对商品进行溯源。从药物原材料地获取到药物的生产制作、贮藏和流通销售等环节，进行适当的监控和追踪。患者可以通过区块链平台看到所购买药品的生产厂家、日期数据及流通环节等是否符合标准，也可通过区块链技术配合物联网对药物或疫苗的贮藏温度、出入库时间等进行实时监控，保证药物的真实性与质量安全。在原本《药品经营质量管理规范》（GSP）及《药品生产质量管理规范》（GMP）的强有力监管基础上，更进一步实现公开监管与追踪，打击假药、劣药市场，保障各方权益。

案例分析：阿里健康常州市"医联体+区块链"项目

2017 年 8 月 17 日，阿里健康宣布与常州市开展"医联体+区块链"试点项目的合作，将区块链技术应用于常州市医联体底层技术架构体系中，预期解决长期困扰医疗机构的"信息孤岛"和数据隐私安全问题。

该方案已在常州武进医院和郑陆镇卫生院实施落地，将逐步推进到常州天宁区医联体内所有三级医院和基层医院，部署完善的医疗信息网络。

阿里健康在该区块链项目中设置了多道数据的安全屏障。首先，区块链内的数据均经加密处理，即便数据被泄露或盗取也无法解密。其次，约定了常州医联体内上下级医院和政府管理部门的访问和操作权限。最后，审计单位利用区块链防篡改、可追溯的技术特性，可以全方位了解医疗敏感数据的流转情况。

引入阿里健康的区块链技术后，可以在医联体内实现医疗数据互联互通，优化了医生和患者的就诊体验，同时也推进了分级诊疗、双向转诊的落实。通过区块链网络，社区居民能够拥有健康数据所有权，并且通过授权，实现数据在社区与医院之间的流转；医联体内各级医院的医生，在被授权的情况下可以取得患者的医疗信息，了解患者的过往病史及相关信息；患者无须做重复性的检查，减少为此付出的金钱及时间。图9-3为常州医联体区块链应用流程。

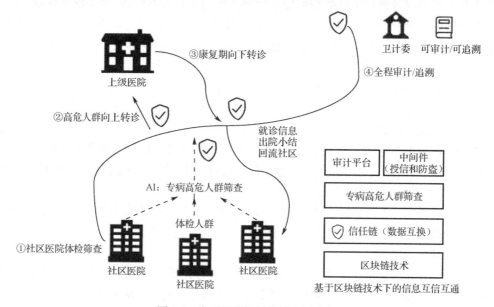

图9-3　常州医联体区块链应用流程

区块链技术实现了医院之间的信息互联互通，符合政府"让数据多走路，人只走一次路"的指导方针，但这样的技术应用，会减少患者检查次数，相应减少医院的收入，以及降低人事费用，可能会触犯到相关方的利益。因此，这样的技术应用需要政府带头试点，自上而下地推行，并且需要推出新的商业模式，激励其他医院加入，生态整体才能健康、可持续地运行。

## 9.3　区块链+公益

区块链在公益中的应用

公益事业包括慈善捐助、志愿服务、公益扶贫等领域。近些年，受到一些负面案例的影响，公益事业的受信任程度实际上在不断削弱。其中慈善捐助、公益扶贫等领域存在资金和物资流向不透明、使用率不高、社会监督与公开机制不够健全等问题。不少现行的公益慈善机构采用的机制不够透明。它们往往会搭建多个资金池，众多捐助者向资金池中注入善款，同时管理单位再从资金池向需要扶贫支持和公益支持的个人和团体提供资助。很多慈善机构的行为都是黑盒，捐助人无法真正了解资金和物资的去向。对于公益扶贫来说，资金要经过多级政府和机构等环节，真正的资金使用也是不透明的，甚至连扶贫的对象可能也并不清楚。无论是慈善捐助，还是公益扶贫，都可能会有作恶者从中渔利而屡遭诟病，影响大众的公益热情。

另外，公益活动中还存在资金利用效率低的问题，这源于信息的分割和应急机制的不健全，如 2019 年年底武汉暴发的新冠疫情导致了对口罩等医疗物资的大量需求，国内外很多单位、个人都在向武汉捐款，但是武汉的慈善机构（如武汉红十字会）并没能很好地了解各大医院的物资需求，协调物资分配，使得疫情暴发时期众多的医生纷纷在网上求助，导致后期多数的捐助者都自行联系医院和医生进行点对点捐助。

因此区块链可以在公益事业领域中发挥优势，如优化慈善流程，建设可信体系，以增进舆论监督对第三方慈善机构的信任和信心。

首先，提高资金和物资流向透明度。慈善机构、捐助者、受捐者、上下游环节等相关机构和个人，都可以成为区块链系统节点，对相关款项进行链上实时核验和跟踪。一方上链后，其他多方共同监督。当捐助者或受捐者发现资金数量不对，就可以对中间环节进行质询和复核，这样可及时发现问题，并提高解决效率。同时，利用区块链公开透明的特点，也可以让所有捐赠明细上链，接受公众监督。

目前，某些慈善机构开始接受通过数字资产进行的捐助，如 2019 年 10 月，联合国儿童基金会（UNICEF）宣布设立加密数字货币基金，接受比特币等加密数字资产的捐助。由于数字资产是区块链原生资产，可以确保捐款资金 100%的真实，并可实时了解捐赠资金走向，简化捐助人的捐款流程，尤其在跨地区、跨境捐助上可提高效率，降低成本。

其次，建设基于区块链的公益信息共享平台，可提高资金的管理和利用程度。通过区块链系统，我们可以对各慈善机构需要救助和捐款的信息进行共享，更全面地了解需求信息，对资金和物资进行综合利用，确保分配给最紧急、效用最高的需求者。同时，管理机构也可以接入区块链，进行实时监督、指挥、调配，做好全局工作，进一步提高资金和物资的利用程度和管理效率。

案例分析：支付宝区块链爱心捐赠追踪平台

传统的捐款平台由运营方发布募捐信息，捐款人将款项交予运营方，再由运营方将款项拨送至募捐方。而运营方对款项使用情况的公布并不透明，难以获得公益参与者的信任。当更多的人参与公益时，如何确保善款能够精准送到被捐助人手里就成为公益的焦点问题，因此捐赠款项去向透明化成为公益事业的重中之重。

因此，支付宝区块链与中华社会救助基金会合作，在该平台上线了"听障儿童重获新声"公益项目。这是区块链在公益场景运用的一次尝试，所募集善款将用于 10 名听障儿童的康复费用，筹集目标为 198400 元。此项目相比于传统公益，最大的不同在于可以追踪善款流向。

由于善款来源非常分散，所接受的每次捐赠数额较小，因此，这样一个项目接受了超过万次的捐赠。由于区块链的分布式记账，每次捐赠都会将捐赠金额、捐赠时间、捐赠人等信息记录在区块链上，每笔善款流向也以同样的方式记录。区块链具有不可篡改性和可溯源性，任何用户都可以随时查询公益项目筹款进度与款项用途，使得公益事业能够实现公开透明，能够赢得公众的信任。

区块链在智慧城市中的应用

## 9.4　区块链+智慧城市

智慧城市是指以城市的生命体属性为基本视角，运用区块链、人工智能、大数据、物联网、云计算等新一代技术手段，来提高市民生活水平和质量，同时，提升城市公共管理的运行效率和服务，从而实现科学和可持续发展的信息化城市形态。推动区块链底层技术服务和新型智慧城市建设相结合，能够提升城市管理的智能化、精准化水平。

### 9.4.1　智慧交通

21 世纪以来，我国政府积极助推现代化交通体系建设，尤其重视交通运输智能化与信息化建设。智慧交通、数字化信息的发展成功赋能集约化交通体系的构建，成为解决现代交通痛点的核心方向。信息化、网络化、智能化的交通运输系统建设能有力推动国家交通体系的跨越式发展，并进一步缓解资源与环境压力。

对于交通运输行业，区块链主要进行赋能的方面如下。

（1）车辆认证管理

将车辆、车主等信息加密后上链，建立属于车辆的区块链身份标识，并与交通运输部门、车险公司等进行信息共享，可以更高效地对车辆进行管理，如违章的行为支付等。

（2）助力智慧交通运输网络的优化

在智慧交通中引入区块链技术，并串联交通运输领域中的政府、企业等各行业主体，协助记录车辆、道路、桥梁、车站等基础设施实时情况。相比传统的交通运输信息网络，基于区块链的网络可以在保护隐私的同时更好地进行交通数据的互通。这有助于建设真实可靠的交通运输信息系统，进而提升智能交通的社会运行效率。

（3）汽车碳排放上链推动节能减排

在传统碳排放记录系统中引入区块链技术，有利于解决汽车行业既有的数据问题和难以认证问题。通过记录轿车、大型客车等车辆的驾驶与碳排放信息并整合上链，可以将碳排放追溯到个体角色，从而对驾驶员与相关企业做出评估，推动其进行节能减排。

案例分析：北京首汽建设新型区块链联动平台（GoFun）

2015 年 8 月，GoFun 由首汽集团成立，是首汽拓展移动出行业务建立的一款共享汽车产品，于 2016 年 2 月 25 日正式上线运营。目前，其业务主要由 B 端和 C 端两部分组成。

在 B 端，该联动平台利用以太坊开源架构搭建了一条联盟链 GFChain，将每台汽车的信息进行上链，致力于形成完备的车联网数据系统，推动车辆数据公开透明化。GoFun 还构建了与北京环交所的合作关系，积极推动汽车尾气排放量等基础数据的上链，推动节能减排。

在 C 端，GoFun 针对用户租车中的闲置时间，提出了相应解决方案：当租车用户有 8 小时无须使用共享汽车时，可通过区块链信用机制，分享空余时间给其他用户，增加了同一时间段内，共享汽车的使用效率和频次。此外，GoFun 将用户的开车时间等行为转化为"能量方块"，激励租车用户多用多得，如用户可通过完成租用车辆、每日签到、邀请新好友等任务获得不等数量的"能量"，积攒到一定程度的能量可用于兑换租车优惠券或其他礼品。除此以外，不同的车型、行驶里程、使用时间均会对用户获得"能量"的大小造成影响。这些"能量"的获得能力也可通过完成实名认证、驾驶证认证、支付押金等多种方式提高。这增加了用户租用共享汽车过程的趣味性，改善了平台用户的体验。

2019 年 4 月，GFChain 已实现超过 180 万的区块数，平均每个区块完成 55 笔交易。"能量方块"特色业务的上线大大提升了用户留存率，平均每位用户为其额外停留 2 分钟。GoFun 出行已覆盖国内 84 个城市，拥有近千万注册用户，每车日均单量达到 7 单以上，月度活跃用户达到 170 万，最高日度活跃用户直逼 75 万。

## 9.4.2 智慧能源

能源行业主要涉及电力、石油、天然气和新兴能源等领域，包括上游的开采、勘探、生产，中游的提炼、分发、输送，以及下游的分销、交付和使用等。它是服务工商业、居民生活的核心行业，维护着人们经济生活的正常运转。

20 世纪以来，随着人们活动的加剧，世界人口和总体经济产出大幅增长，同时也伴随着能源的大幅消耗。波士顿大学学者研究发现，即使气候维持当前变化，直到 2050 年，全球能源需求还会上涨 25%。巨量的能源需求带来了气候变暖等问题，发展和使用清洁能源是我们应该重视的课题。

除此之外，贫富发展不均衡也是困扰能源行业的问题之一。在发达地区和欠发达地区分别存在能源过度消费和能源不足的现象，如何促使能源的均衡分配是能源行业需要解决的问题。同样，平衡各发电站和用电者之间的关系，提高能源使用效率也是需要解决的问题。

区块链技术能够保证系统透明、稳定可信和防篡改，并且在点对点网络中存在可以自动执行的智能合约，这给能源行业带来了新的发展思路。

（1）利用能源供应链，提高工作效率

能源市场交易的参与者众多，包括券商、交易所、物流公司、银行、监管机构和代理机构等。在传统的模式下，交易输送过程速度慢且耗时长，造成的摩擦成本将小型机构排除在外。如果应用区块链技术，上下游之间可以快速完成配合，交易时间和信息被记录在账本中，同时智能合约可以保证交易在特定的时间执行，大大提高协作效率，节约纸质办公成本。

（2）分布式微电网交易，推动清洁能源发展

微电网是指由分布式电源、储能装置、能量转换装置、负荷、监控和保护装置等组成的小型发配电系统，实现分布式电源的灵活、高效应用，解决数量庞大、形式多样的分布式电源并网问题。开发和延伸微电网能够充分促进分布式电源与可再生能源的大规模接入，实现对负荷多种能源形式的高可靠供给，是实现主动式配电网的一种有效方式。而区块链是有效的微电网交易基础技术，可以让分布式的清洁能源（如太阳能）直接进行点对点交易，降低接入统一电网的高成本，有效改善能源电力的利用率。同时微电网系统能够推进地区能源的产出和使用，减少能源运输的消耗，解决能源分布不均衡等问题。

*案例分析：L03 Energy 成立布鲁克林微电网——TransActive Grid 项目*

2016 年 3 月 3 日，L03 Energy 与区块链技术创业公司 Consensys 合作成立 TransActive Grid 项目，在纽约布鲁克林开展新型微电网试验，是区块链在能源领域的首次应用。

TransActive Grid 项目开始只涉及 10 个分布在布鲁克林地区总统大道两侧的家庭。道路一侧的 5 户家庭安装了屋顶光伏发电系统，产生的电能在完全满足家庭用电需求之余，还有大量剩余；另一侧的 5 户家庭没有安装发电系统，因此需向对面家庭购买电力。据此，这 10 个家

庭构成了一个微型的电力生态。因此，即便没有第三方电力运营商，家庭之间也可以通过区块链网络，采用 P2P 模式直接进行点对点的能源交易。图 9-4 展示了 TransActive Grid 项目的系统设计。

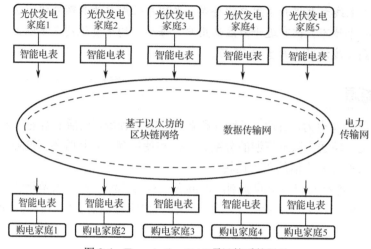

图 9-4　TransActive Grid 项目的系统设计

智能电表作为这种电力交易模式的硬件基础，在底层应用了基于区块链的智能合约，可以采集包括发电能力、用电需求、交易电量等在内的用户信息。用户信息完成实时上链后，将同步至所有节点并分布式储存。通过预测用电量从而智能化地应对能源需求，还能及时储存剩余能源并进行能源交易。

此外，区块链微电网还保证了即时交易的实现，消费者无须通过中间零售商便可进行能源批发的市场交易，随后使用智能设备实时自动地支付账单。当智能代理完成能源交易价格的分析后，将结合其预测出的特定用电需求，为客户形成更明智的消费策略，即在能源价格低时，增加能源购买量，并储存多余能源于家庭储电设备；在能源价格高时，减少能源购买量，甚至出售部分储存能源。

但是，目前该项目未实现大规模推广，主要原因是点对点交易的模式对于运营机构而言很难盈利，同时，纽约市也禁止个人直接参与电网市场。因此，考虑到对新能源的发展推动，此类项目更需要政府作为主要发起者进行建设和改革。

## 9.4.3　其他

除了交通和能源，智慧城市与区块链的结合还可以扩展到住房、环保、城市建设等多个领域，全面提升城市居民的生活质量。目前，已经有部分示范城市，这里以雄安新区作为典型案例进行分析。

案例分析：中国雄安新区智慧城市

雄安新区是中国第 19 个国家级新区，也是首个由中共中央、国务院印发通知成立的国家级新区，位于河北省保定市东部，由雄县、容城县、安新县及其周边部分地区组成，于 2017 年 4 月 1 日正式成立。

雄安新区在建设初期就开始积极运用区块链技术为自身的智慧城市建设进行了赋能。2018 年 4 月出台的《河北雄安新区规划纲要》就已明确指出，"超前布局区块链、太赫兹、认知计算等技术研发及试验"。雄安新区将运用大数据、云计算、区块链、人工智能等新技术，规划建设雄安智能城市大脑。未来雄安会在数字城市中模拟仿真，在现实城市中优化运行，真正实现城市智能治理和公共资源智能化配置。

雄安新区是带着区块链基因诞生的智慧城市。经过持续不断地建设和发展，雄安新区利用区块链已在租房、环保、工程资金管理等多个领域为城市发展积极赋能，并落地情况良好。

"区块链+租房"方面，雄安新区已建成区块链租房应用平台，也是全中国首例把区块链技术运用到租房平台的案例，由蚂蚁金服提供核心区块链技术。雄安新区的区块链租房平台依靠区块链的多方验证、不可篡改等特点，使得房源信息、房东和房客信息、房屋租赁合同大大提升真实性，有效解决了双方任意篡改合同信息等以往租房领域的顽疾问题。同时，在用户隐私问题上，对一些敏感信息采用加密算法进行加密，使用了多方安全计算和零知识证明等技术，在不会泄露用户信息的前提下，应用在租房相关的必要用途上。

"区块链+环保"方面，雄安新区市民服务中心建立了数十台使用了 LED 屏、二维码和区块链技术应用的智慧垃圾收集器。市民通过移动端 App，扫码后倾倒垃圾。垃圾箱内系统会自动检测垃圾种类，并进行分类，给予垃圾投递者相应积分奖励，这些积分可用于兑换制定商品。区块链技术将垃圾位置和重量信息即时传送到垃圾运输公司，做到精准高效地处理垃圾。区块链技术在垃圾分类中落地应用，只需要给社区配备智能垃圾箱，引导市民正确使用软件登录平台，就可以快速实现垃圾精准分类。区块链全程参与垃圾回收、分类、运输、处理过程，全部数据共识储存，各物业、环保部门、监管部门可以同步了解所有信息，实现全方位快速处理垃圾。

"区块链+工程资金"方面，作为雄安新区开发建设的主要载体和运作平台，中国雄安集团（中国雄安集团有限公司）推出了区块链资金管理平台，利用区块链技术，对拆迁、安置、建设资金进行穿透式管理，实现工程项目管理优化，以有效保障新区建设者的劳动报酬权益，实现新区经济发展与社会治理体系完善、民生政务水平提升的有机统一。此外，中国雄安集团与光大银行已达成合作，光大银行正在通过"阳光区块链"这个金融工具，全面服务于雄安新区 67 个各类型拆迁、安置、建设大型项目。

## 9.5 区块链+城际互通

区块链在城际中的应用

区块链技术能够在信息、资金、人才、征信等方面更大规模地促进城市间的互联互通，保障生产要素在区域内能有序高效流动。

### 9.5.1 数字身份

数字身份是城市的信息基础设施，是每个公民的个体标识。其主要环节包括注册、签发、验证和管理（身份所有者注册身份）、身份提供者签发身份、身份依赖者验证身份，以及对身份信息和数据的管理。数字身份的各个环节都需要经过密码学算法来实现。目前常见的身份认证方式包括口令、智能卡、生物特征识别、数字签名、数字证书等。

**1. 传统数字身份的痛点**

（1）身份数据分散和重复认证。不同行业和部门的身份认证系统各不相同，一个公民可能在不同的身份系统中保存着不同的身份信息和行为数据。这些身份数据相互重叠，一方面造成了资源存储的浪费，另一方面也给用户使用身份带来了不便与低效，往往需要重复注册和认证。

不同身份系统中的用户身份数据由各系统单独存储，无法共享和流通，也无法综合利用，对于身份提供者来说跨域认证的效率较低。

（2）中心化认证效率和容错性低。在传统的身份认证系统中，往往依赖中心机构（如权威的 CA 机构）进行身份签发。CA 机构的相互认证以树状结构为主流，最顶端的根 CA 是系统的核心，通常为政府机构。一方面，这种中心结构可能存在性能问题；另一方面则是安全问题，我们虽然毋庸置疑根 CA 机构的信用问题，但这种单中心的结构容易使其成为攻击的目标，一旦中心失效，则左右与之关联的下级 CA 机构均会受到牵连。由于 CA 机构也有民间团体，因此无法完全保证每个 CA 机构的信用。据谷歌官方安全博客公布，2013 年 12 月 7 日，他们发现一个与法国信息系统安全局（ANSSI）有关系的中级 CA 机构发行商向多个 Google 域名发行了伪造的 CA 证书，对网络安全行业造成的影响十分恶劣。

（3）身份数据隐私与安全。当前数字身份的身份信息散落在各个身份认证者和服务商手中，可能是身份提供者本身对用户信息的保存，或者是身份依赖者在验证了用户身份后即获取了用户的身份信息。有些服务方可能在未获用户授权的情况下对这些数据进行收集、存储、传输和买卖，这是对于用户隐私信息的严重侵犯。

（4）传统身份证明无法覆盖所有人。全球大约有 11 亿人没有官方身份证明，包括难民、儿童和部分妇女，他们可能无法获得应有的权利，如教育、医疗、保险、金融等。他们虽然可以拥有一些非官方提供的身份，但很难支撑其获得应有的权利。因此，这些人群急需可信身份。

### 2. 区块链赋能数字身份

区块链能够更好地实现数字身份的统一性，可在保护用户信息安全和隐私的情况下进行身份数据共享与互认，以实现数字身份的城际互通。

（1）跨机构安全身份授权

数字身份数据分散，难以共享，传统的身份授权方式不够安全。在统一身份标识无法快速实现和成熟的背景下，可以利用区块链的分布式账本让身份共享和授权更加安全，其核心思想是通过联盟链的形式来彼此鉴权和认可对方的登录请求，并授权访问对应的用户数据，形成可信安全的身份信息互通体系。

图 9-5 为跨机构区块链身份授权流程，具体流程如下。

① 拥有用户数据的服务商将用户信息加密生成私钥和公钥，其中公钥生成该运营商的数字签名，将公钥和数字签名上链，私钥则保存在用户本地，如 SIM 卡中；

② 用户登录联盟链中某个应用（依赖方）时，该应用会向有用户身份信息的服务商（身份提供方）发起请求，接收到请求后，服务商向用户发送授权申请，等待用户同意；

③ 应用获得用户授权后，在链上对用户身份进行匹配，匹配成功后即说明对用户身份认可，可以登录。

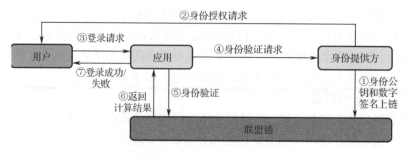

图 9-5　跨机构区块链身份授权流程

在这种方式下，应用主要依托于服务商的信用，可以不必需要获得用户信息即可完成身份验证，保护了用户隐私。而应用本身也可以作为服务商，为其他应用提供用户身份授权，以此形成一个分布式的可信身份网络。

这里所描述的跨机构身份验证方案实际上与分布式身份认证采用了同样的区块链思维，即将身份信息标识（证书）上链，具有用户信息的身份提供方扮演了和 CA 机构相同的角色，为用户提供身份认证。

（2）区块链提供可信数字身份

区块链能够利用其链上信息的真实可信、不可篡改等特点为没有身份的人群提供低门槛的可信身份。

首先，区块链技术可以和生物识别技术相结合，创建真实唯一、难以伪造的数字身份。它的主要思想为，让用户的生物特征成为其身份标识，如指纹、面部、虹膜等，提取其二进制特征向量，经过 Hash 处理后以数字摘要的形式存储在区块链上，形成不可篡改的数字身份，代替传统所需的 ID 号。其次，可以利用区块链形成用户不可篡改的行为记录，与其身份绑定，增强其身份特性和可信行为特性。

据世界银行统计，2017 年世界上仍有 17 亿人没有银行账户。这是一个十分惊人的数字，这意味着世界上有 17 亿人无法利用银行进行基本的储蓄、汇款等业务。而更重要的是，银行绝大部分现有金融服务又依赖于客户的 KYC 情况、过往金融记录等银行数据，而很难将金融服务延伸给这些真正需要融资的贫困人群。通过区块链数字身份，可以对很多以往无法统计的金融行为进行记录，由于信息的不可篡改性，用户的金融信用会加强，更有助于其获得金融机构的认可，使其能够获得应有的金融权利。

（3）区块链实现自我主权身份与数据管理

自我主权身份更强调用户身份的自主权和身份数据的控制权。区块链提供分布式的信任环境，是实现自我主权身份的必要技术。基于区块链的自我主权身份的核心思想是，创造一个全局唯一的身份标识 DID（分布式身份标识），具有高可用性、可解析性和加密可验证性。目前相对有影响力的 DID 标准包括 W3C 提出的 DID 标准、DIF（Decentralized Identity Foundation）的 DID Auth 等。

以 W3C 的 DID 标准为例，DID 系统包括基础层的 DID 标识符、DID 文档，以及应用层的可验证声明（VC）等。

DID 标识符：是全局唯一的身份标识，类似一个人的身份证、账号等。

DID 文档：描述如何使用该 DID 的简单文档。

可验证声明（VC）：DID 文档本身无法和用户的真实身份信息相关联，需要用 VC 来实现，这是整个系统的价值所在。VC 类似数字证书，是对用户身份的证明。

VC 也有一套类似 PKI 的系统，具体内容如下。

发行者（Issuer）：拥有用户数据并能开具 VC 的实体，如政府、银行、大学等官方机构和组织，即身份提供方。

验证者（Inspector-Verifier，IV）：需要验证用户身份的应用，即身份依赖方。

持有者（Holder）：向 Issuer 请求、收到、持有 VC 的实体，一般即为用户（身份所有者）或用户的身份代理。开具的 VC 可以放在其本地钱包里，方便再次使用。

标识符注册机构（Identifier Registry）：维护 DIDs 的数据库，如某条区块链、分布式账本。

图 9-6 展示了 DID 系统的运行流程，在该系统中，VC 储存在用户本地，即用户控制的存

储区中。出于对用户隐私的保护，通常为链下存储，而将加密后的信息摘要到链上，用户拥有VC 的控制权。出具 VC 时可以根据 IV 对信息的需求做到隐私信息的最大保护，如只提供可信机构对用户身份的认可 VC，或"是""否"类型的回答，无须暴露用户的真实信息。IV 一方面在区块链上验证用户的 DID，另一方面通过 VC 来验证身份信息。

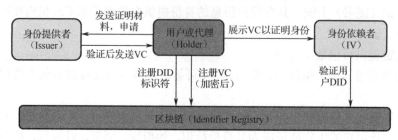

图9-6　DID 系统的运行流程

此外，DID 本身只是一种身份标识，其无须根植于某个区块链，只要接受这个身份标识格式，DID 就可以移植到各个区块链中，完成跨链单一的身份，相比于传统的区块链地址有更强的便利性和可用性。

通过区块链和 DID，用户可以掌握自己的所有身份信息，并且能实现单一身份，做到真正的自主主权身份和数据自治，从而保护用户应有的权利和数据隐私。

案例分析：迪拜机场数字护照

2017 年 6 月起，迪拜政府与英国初创区块链技术企业 ObjectTech 合作，共同研发迪拜机场基于区块链技术的安全系统。

ObjectTech 表示，电子护照有望替代迪拜国际机场的人工核对电子护照程序。该系统结合了生物识别验证系统和区块链技术，使用"预先核准的完全数字化护照"来验证乘客的入境许可。从乘客进入机场到领取行李的过程中，该系统将通过短通道里的三维扫描系统，进一步验证个人信息。通过区块链技术，该企业表示数字化护照融合了一种称为"自管理个人身份认证"功能，有利于保护个人隐私。在获得居民自身授权的前提下，基于区块链的电子护照实现了居民身份信息在城市间的共享。

## 9.5.2　征信

征信是指专业化的、独立的第三方机构为个人或企业建立信用档案，依法采集、客观记录其信用信息，并对外提供信用信息服务的一种活动。互联网金融出现以来，得到了市场的高度认可，形成了爆炸式增长的趋势。

征信产业通过对数据的搜集、提炼、整合、分析，形成对数据生产者的信用分析结果，并为用户提供征信报告。整个过程中的数据具有很强的隐私性，因此征信机构都是得到法律许可、专业化的、独立的第三方机构，能够确保征信结果的真实可信，并具有对数据的保密义务。

征信机构存在的问题如下。

（1）数据无法共享，利用率低

互联网征信体系中，各征信机构能够方便采集自己可得的数据，然而大多数征信机构取得的数据来源狭窄，无法形成全面真实的信用评估，尤其是一些小型的征信机构。各方都想获取外部机构其他覆盖层面的数据，却都对自己的征信数据进行保密储存，不愿共享，这种独立单一的信用评估体系，使数据利用率大打折扣，其分析结果的准确性也难以保证。甚至有些征信机构将虚假信用数据分享出来，误导同行，导致各机构之间互相不信任，也使征信整个行业缺乏社会信任。

（2）数据采集、利用过程不透明

征信机构通过购买数据，或者寻求合作的方式进行信用数据采集，然而这个过程难以监管，处于法律的"灰色地带"。数据采集不规范、不透明，数据滥用，数据违规交易，个人信息泄露等问题难以根除。信用数据繁杂，采集门槛低，部分征信机构对于数据保密的程度不够，甚至出现"信息倒卖"的现象，造成大量互联网用户信息泄露问题。

针对以上问题，区块链征信体系包括区块链数据交易模式和区块链数据采集模式。区块链数据交易模式中，数据拥有者与征信机构通过区块链进行数据交易，建立标准规范的数据交易和共享平台，作为征信产业体系的纽带。在区块链技术进一步覆盖社会生活之后，区块链网络中将会存有包括医疗、购房、消费、信贷等方面记录，这些数据形成了高质量的征信原始数据，对这些数据进行加密设置，拥有权限的征信机构能够获得所需数据进行信用评估，这就是区块链数据采集模式的征信体系。区块链征信体系的两种模式如图9-7和图9-8所示。

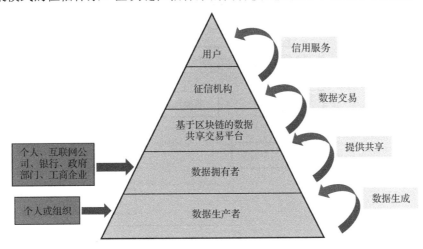

图9-7 区块链数据交易模式

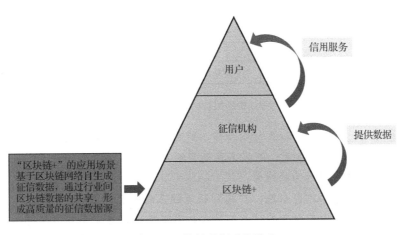

图9-8 区块链数据采集模式

通过使用区块链技术，可以在保障数据隐私的同时进行征信数据的共享，并且数据提供、查看、使用等过程均透明、可追溯，方便各方进行监管，促进征信数据共享行业的健康发展。

案例分析：中国银行组建区块链解决网络交易欺诈问题

网络科技为人们生活带来便利的同时，也造成了网络诈骗频发的问题，对用户财产安全带来了巨大的威胁，使用户对互联网信任度降低，限制互联网的进一步发展。银行和其他支付机构，由于自身业务特殊性，均成立了独立的反欺诈系统。这种反欺诈系统非常分散，对于跨系统支付的交易欺诈问题，很难进行有效识别，导致风险预警机制失效，事后处理追究程序也比较烦琐。这个漏洞使用户对小型诈骗事件追究的积极性减弱，更降低了"轻犯罪"的成本。

在这种现状面前，中国银行组建联盟链如图9-9所示，通过链上信息对问题账号进行全面排查。联盟链包括了所有用户与支付机构，实现监管统一完整化，具体步骤如下。

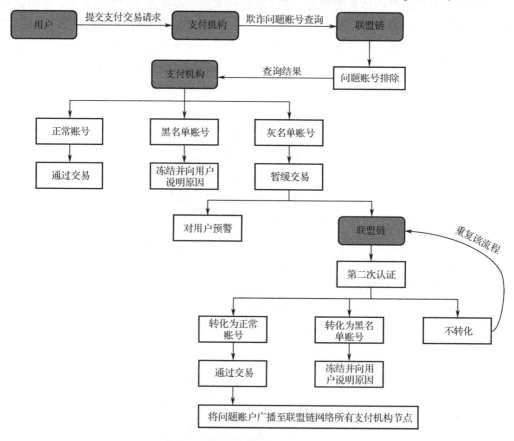

图9-9　中国银行区块链征信系统

（1）由监管部门、公安机关和支付端合作，制定问题账号判定规则，通过链上数据筛选问题账号。建立黑名单与灰名单制度，即黑名单是曾经实施过诈骗行为的账号；灰名单为陌生账号及通过检测具有高危异常行为的账号。

（2）将黑名单与灰名单打包成块，广播到联盟链上的所有节点。

（3）用户在发出跨机构支付交易时，支付方利用联盟链排查交易双方账号。正常账号可以直接通过交易请求；黑名单账号会被暂时冻结并且反馈原因；如果是灰名单账号，支付方通过短信或其他提示方式向用户发出预警，并对用户进行二次身份确认。

（4）二次认证后，联盟链将对灰名单账号进行二次判断，转化为正常账号或黑名单账号，以此决定是否通过交易请求。如果二次判定仍为灰名单账号，则重复判定过程，通过更多信息进行确认。

（5）建立账号转化制度，所有行为都会影响系统判断，并且判断结果的改变会同步至所有节点。

账号转化制度可以实时监控所有行为，提高识别效率；二次认证过程可提高用户的风险防范意识；联盟链的分布式存储解决了不同支付机构之间的数据孤岛问题，促进信息共享。这种通过联盟链进行排查账号的制度，提高了银行的反欺诈识别能力，完善网络支付体系中的预警机制，推动"轻违法"处理，做到互联网诈骗零容忍。

## 9.6 区块链+政务

区块链在政务中的应用

随着"互联网+政务"的快速发展，国家机关在政务活动中，全面应用现代信息技术、网络技术和办公自动化技术等进行办公、管理和为社会提供公共服务，也称为电子政务。

我国电子政务概念产生于20世纪80年代，在1999年开始得到重视并开始逐步建设电子政务平台，推进政府工作的自动化、信息化。2018年10月，西藏自治区政务服务网开始试运行，标志着我国32个省级网上政务服务平台体系已基本建成。截至2018年12月，我国共有政府网站2817962个，主要包括政府门户网站和部门网站。

我国电子政务发展在数据交互、协同、共享上仍面临诸多困难。

（1）跨部门协作与数据共享不足

互联网+政务的发展，使电子政务可以通过网上服务入口，为企业和个人办理多项业务。但早期电子政务系统均是根据不同部门自身业务需求进行独自搭建的，各部门独自构建了一套互联网政务体系，致使网络基础设施、业务系统、数据资源均处于割裂、碎片化状态，并且缺乏标准统一的数据结构和数据接口，导致同地区的政务系统跨部门数据共享和业务协同力度不足。从现有情况来看，企业、个人网上办事需要登录不同部门的网站，并没有形成高效的政务服务协同机制，造成信息重复采集的情况较为普遍。

（2）城市数据的监督不到位

现有的电子政务改革过程中，城市数据的治理与监督并未得到足够重视，政府监督与管控时会出现盲区或监管缺位的情况。以城市治理为例，针对政府的重大投资项目、重点工程和社会公益服务等敏感领域，仅依靠信息公开并不能形成有效约束力，在这些项目的进行过程当中，政府实际上在某些情况下存在一定盲区，当出现违法或违规操作时，政府并不能及时发现，造成监管缺位，一旦这些项目出现问题，将对政府公信力造成一定的影响。另外，现有的政府信息管理框架并不能对城市数据进行有效采集、校核、加工和存证，一旦发生违法或违规事件，由于证据的缺失对调查取证、追责等工作带来很大困难。

区块链技术为跨地区、跨部门和跨层级的数据交换和信息共享提供可能，使政务信息可追溯、可监管。区块链助力跨部门政务协作如图9-10所示。

区块链的分布式数据结构有利于建立政府部门之间的信任和共识，在确保数据安全的同时促进政府数据跨界共享。所有部门都可以成为链上节点参与"记账"且数据公开透明。数据交换的内容都有迹可循，并且容错率也较高，这就为建立和维系政府部门之间的信任和共识提供了技术条件。即便是层级和规模都很小的政府部门，也可以通过区块链技术参与数据共享。这样就提升了政务服务的整合力度，真正实现"数据跑路"取代"人跑腿"。

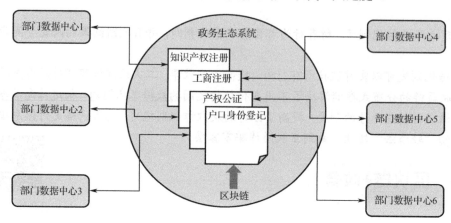

图 9-10　区块链助力跨部门政务协作

区块链应用有利于明确政务数据归属权，明晰数据权责界定。结合公私钥体系，政务数据一经产生就确定了归属权与管理权，为后续的授权使用明晰了权责归属，另外，结合智能合约技术，能够实现数据共享与业务协同过程中使用权的权限与分配。并且，在政务数据授权共享、业务协同的同时，能够将所有的数据流转使用记录留存于链上，凭借区块链所具有的不可篡改、可溯源的特性，为后续数据泄露等事故提供有迹可循的、清晰的溯源依据。

区块链也可赋能城市数据监督，提升管控与约束力。区块链能够发挥其数据的不可篡改特性，结合物联网技术，实现城市政务数据的全流程存证。扫清原本因技术局限无法覆盖的监督盲区，补足监管的缺位，增强城市数据监督管控与约束力，为后期的核验、举证等提供便利，提升政府公信力。例如，在政府重大投资项目上，实现建设主体的全流程数据上链，利用区块链的存证和不可篡改特性，对其产生较大约束力。此外，将相关监管机构、企业纳入区块链生态中，通过数据上链，促使监管机构能够实现更全面的监管，营造良好的监管环境，并为未来利用数据进行科学决策、智慧政府提供坚实的支撑。

案例分析：南京市区块链政务共享平台

2017 年，南京市信息中心牵头，启动了如图 9-11 所示的区块链政务共享平台的项目建设，将房产交易、人才落户、政务服务等多项民生事项纳入区块链政务数据共享平台中，实现了政务数据跨部门、跨区域共同维护和利用。

南京市区块链政务共享平台已经对接公安、民政、国土、房产、人社等 49 个政府部门，完成了 1600 多个办理事项的连接与 600 多项电子证照的归集，涵盖全市 25 万企业、830 万自然人的信息。

案例分析：区块链服务网络（BSN）

区块链服务网络（BSN）是由国家信息中心领导，中国移动通信集团公司、中国银联股份有限公司、北京红枣科技有限公司主导的首个国家级联盟链。它致力于打造跨公网、跨地域、跨机构的区块链服务基础设施，推出了针对政务的专网产品——BSN。BSN 以联盟链为基础架构，通过公共城市节点建立连接，形成区块链全球性基础设施网络。BSN 公网类似于互联网，BSN 专网则类似于局域网，专网依托于公网的技术架构，可以实现与公网的互联互通。

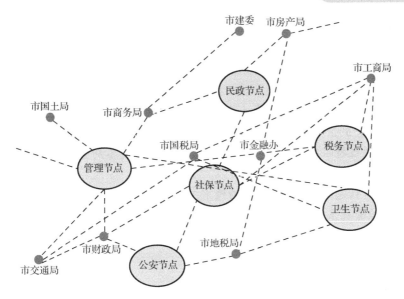

图 9-11　南京市区块链政务共享平台示意

在技术架构的设计上，BSN 的基础设施层支持专有网络、公有云、私有云等部署形态，也支持跨网混合部署；区块链平台层则支持 Hyperledger Fabirc、Fisco BCOS 等区块链引擎；节点网关层则提供封装的、通用的、稳定的、可靠的服务和接口。

在实际应用上，BSN 为各系统、各部门、各用户分配统一的身份 ID，实现数据与应用的统一管理，运营平台也针对区块链应用的接入采用统一审核制度，确保应用的安全准入机制；BSN 内提供多种通用的内置应用，能够实现各系统数据的融合共享、公文档案的安全存储和电子合同签章等功能；各委办局在接入系统后，可以将自己的业务需求共享到平台上，并由委办局自身定义数据结构进行脱敏操作，数据上链后，使用单位将在原数据归属者的授权下获取数据，提升数据共享效率与实现数据协同。

在安全架构设计上，BSN 全方位考虑了包括身份鉴别、访问控制、安全审计、通信保密、资源控制、主机安全等 10 个方面。BSN 架构如图 9-12 所示。

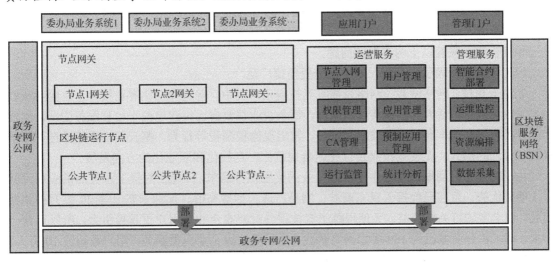

图 9-12　BSN 架构

　　BSN 已经在杭州城市大脑平台成功部署，且在一周时间内，就完成了"城管道路信息及贡献管理""酒店消毒管理""内部最多跑一次"等多个应用的上链，产生了良好的效果。

　　2020 年新冠肺炎疫情防控期间，依托区块链技术，下城创造性地搭建了"1Call 链"项目，使疫情大数据实现了全网同步、安全加密，提高了数据的获得率和安全性。

　　据下城区数据资源管理局相关负责人介绍，员工在线填写承诺书提交后，会自动生成一个"承诺书特征码"同步到区块链，确保电子承诺书相关数据不被修改。不仅员工可以进行单击查询，后台也可以通过特征码，对不同员工的承诺书进行分类鉴别保存，确保信息的安全透明有效，提高办事效率。

　　与此同时，后台信息的分类鉴别，也为线下工作提供了参考。通过杭州城市大脑下城平台"工地复工精密智控管理系统"，工作人员可以统计出未来 3～7 天即将返杭员工的来源地、所属项目，合理安排车辆。

## 9.7　区块链+积分

　　积分是商家用于鼓励用户消费和增强用户黏性的有效手段。随着互联网、移动互联网的快速发展，大众用户的娱乐、竞技方式发生很大转变，众多网民参与电子竞技、网络游戏、棋牌游戏等竞技娱乐活动，并产生大量专职或兼职专业选手，他们以个人或工作室、战队身份参加各种线上、线下竞技赛事，获得比赛奖励或与直播粉丝互动获得收益。

　　2018 年，电子竞技、网络游戏、棋牌游戏等竞技娱乐成为海南重点鼓励发展的产业之一。

　　"椰子积分"项目根据国家政策，体现海南经济特色及政策优势，为竞技娱乐企业提供合规、便捷的"获胜奖励积分"发放，代扣代缴用户个人所得税后，用户可自行兑换奖品和服务，规范企业经营、合规纳税并增加地方税收，促进海南自由贸易港文化旅游消费，助力海南自由贸易港发展。

　　"椰子积分+区块链"这种模式是企业对用户激励的创新手段，具有十分丰富的拓展场景，如传统的银行卡积分、话费积分、商场积分，新兴的网红直播奖励积分，乃至企业向员工发放的假日福利，都可以参考"椰子积分+区块链"的模式进行升级改造，这将极大激活传统积分市场的沉淀资产，说这个蓝海空间是万亿级别毫不为过。

　　积分行业面临着以下两方面的问题。

　　（1）传统积分吸引力有限，通用积分更便捷广泛

　　在电子竞技、网络游戏、网络直播等竞技娱乐项目中，普遍存在比赛竞技，企业要向获胜用户发放手机、电话卡等实物奖励或服务。每个企业都要自己组建电商平台和服务团队，奖励产品种类有限、成本高，且在发放奖励时，常出现偷税漏税等行为。椰云网络希望通过"椰子竞技积分"的形式，促使竞技娱乐行业朝着规范化、竞技化和职业化的方向发展。

　　由于椰子积分商城大量集中了游戏企业的奖励积分需求，因此在对接上游奖品供应商时就有了明显优势，目前已经接入京东商城、网易严选、话费充值、加油卡充值等 20 多万种兑换商品。而丰富的可兑换权益，又使得椰子竞技积分对游戏企业的用户更具吸引力，所以运营一年来，椰子积分商城已为 100 多家网络游戏、电子竞技等企业提供服务，用户数超过 10 万人。

　　（2）积分发行流通不透明，有效监管成难题

　　"椰子积分+区块链"模式解决的核心市场痛点就是，有效解决平台积分在发行、流通和兑

换等多个环节中与资金的双向监管问题。因为在原有模式下，电竞企业向椰云网络转账的"椰子竞技积分"采购款，全部由海南银行专用账户监管，专款专用。椰云网络提供的业务单据需要经海南银行审核后才会划款，以实现对专用资金的有效监管，但是银行仍然难以通过原有的信息技术体系实现高效而透明的监管。积分和资金的双向监管问题一直是悬在游戏企业、银行和税务机关、商城供应商等参与多方头上的"达摩克利斯之剑"。

火币中国的解决方案如图 9-13 和图 9-14 所示，首先基于区块链平台，建立统一账户体系。包括基于区块链统一平台、用户、商家的椰子通用积分账户，实现积分流转在链上的实时清结算，提高运营效率，各方可实时查看积分的发行和兑换，增强公开透明性。

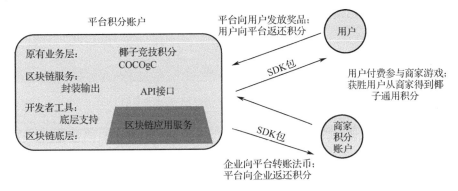

图 9-13　基于区块链平台，建立统一账户体系

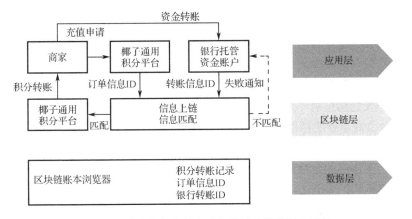

图 9-14　结合业务流程实现积分链上的发行和流转

结合业务流程实现积分链上的发行和流转。对于商家而言，可以实时通过区块链账本查询平台的积分发行和转账。对于平台而言，通过链上发行积分提高透明度，有助于获得更多合作伙伴的信任。对于银行而言，平台的积分发行和对账过程，实现了链上数据的可追溯监管。

采用双层运营体系，中心化系统与分布式账本并轨进行。椰子积分项目在实施推进的过程中，也遇到了两个挑战，一是原有的业务流、信息流和资金流如何适应新的区块链模式，稳妥地实现共存和过渡。二是积分和资金的清结算环节，如何与现有的银行体系兼容，有效防范潜在的市场风险。

火币中国的应对策略，分别是"中心化账本与分布式账本双轨制并行"和"区块链积分双层运营模式"。双轨制并行指的是海南银行与椰云网络原有的资金监管模式保持不变，椰子向企业用户和终端用户分发的流程也保持不变，使得原有的中心化积分交易流水账本形成可与分布式账本进行交叉验证的业务记录。双层运营模式指企业用户之间（如银行对平台、平台对企业）实际拥有并控制区块链账户，并对链上积分进行操作，而企业用户与个人用户（如企业对玩家、玩家对商城）之间依然采取原有中心化积分的处理模式，由企业用户进行对应区块链账户的积分清结算工作。

　　具体而言，当椰云网络的专用账户收到椰子分采购款项，并经海南银行审核后，将由海南银行严格按照 1 比 1 原则"触发发行"，并发放区块链积分给椰子分平台所在的区块链账户。平台再根据业务情况将积分发给企业用户的区块链账户。当个人用户在积分商城进行中心化积分的兑换动作后，由企业用户先与椰子分平台进行区块链积分的清算工作，再由平台和银行进行区块链积分结算，并将已使用的区块链积分进行回收销毁。

## 本章习题

### 一、填空题

1．对于交通运输行业，区块链主要在以下三个方面进行赋能：_____、_____、_____。

2．传统数字身份的痛点包括_____、_____、_____、_____。

3．区块链+征信体系可以有两种运行模式，分别为_____、_____。

### 二、单项选择题

1．区块链可以改善传统教育的很多方面，不包括（　　）。

A．传统教育系统难以覆盖全部学生

B．当前在线教育的教学质量无法保证

C．各类证书作假与学术欺诈

D．简历等个人经历信息不对称

2．区块链对公益事业的帮助不包括（　　）。

A．提高资金和物资流向透明度

B．建设基于区块链的公益信息共享平台，提高资金管理和利用程度

C．提升慈善机构的公信力

D．增加资金和物资流的绝对数量

### 三、简答题

1．请简述区块链赋能政务的三个要点。

2．除交通和能源外，智慧城市与区块链的结合还可以扩展到住房、环保、城市建设等多个领域，全面提升城市市民的生活质量和便利性。请思考区块链在其他领域还有哪些应用。

# 参 考 文 献

[1] 谭磊. New Internet：大数据挖掘[M]. 北京：电子工业出版社，2012.

[2] 邹军，张海宁. 区块链技术指南[M]. 北京：机械工业出版社，2016.

[3] ANDREAS M. ANTONOPOULOS. 精通比特币（第二版）[M]. O'Reilly, 2018：107-110.

[4] 张增骏，董宁，朱轩彤，等. 深度探索区块链：Hyperledger 技术与应用[M]. 北京：机械工业出版社，2018:65-66.

[5] ANDREAS M. ANTONOPOULOS. 精通比特币（第二版）[M]. O'Reilly, 2018：176-191.

[6] LAMPORT L, SHOSTAK R, PEASE M. The Byzantine Generals Problem[J]. ACM Transactions on Programming Languages and Systems, 1982.

[7] DE VRIES A. Bitcoin's Growing Energy Problem[J]. Joule, Cell Press, 2018, 2(5): 801-805.

[8] International Research Journal of Engineering and Technology, 2018, 5(11): 1636.

[9] BENTOV I, LEE C, MIZRAHI A. Proof of Activity: Extending Bitcoin's Proof of Work via Proof of Stake[J]. ACM SIGMETRICS Performance Evaluation Review, 2014.

[10] CASTRO M, LISKOV B. Practical byzantine fault tolerance and proactive recovery[J]. ACM Transactions on Computer Systems, 2002.

[11] ANDREAS M. ANTONOPOULOS. 精通区块链编程：加密货币原理、方法和应用开发（第 2 版）[M]. 北京：机械工业出版社，2019.

[12] ANDREAS M. ANTONOPOULOS，加文·伍德. 精通以太坊：开发智能合约和去中心化应用[M]. 北京：机械工业出版社，2019.

[13] BRUCE SCHNEIER. 应用密码学：协议、算法与 C 源程序（原书第 2 版）[M]. 机械工业出版社：北京，2014.

[14] 阿尔文德·纳拉亚南，约什·贝努. 区块链技术驱动金融：数字货币与智能合约技术[M]. 北京：中信出版集团，2018.

[15] 方军. 区块链超入门[M]. 北京：机械工业出版社，2019:137.

# 反侵权盗版声明

　　电子工业出版社依法对本作品享有专有出版权。任何未经权利人书面许可，复制、销售或通过信息网络传播本作品的行为，歪曲、篡改、剽窃本作品的行为，均违反《中华人民共和国著作权法》，其行为人应承担相应的民事责任和行政责任，构成犯罪的，将被依法追究刑事责任。

　　为了维护市场秩序，保护权利人的合法权益，我社将依法查处和打击侵权盗版的单位和个人。欢迎社会各界人士积极举报侵权盗版行为，本社将奖励举报有功人员，并保证举报人的信息不被泄露。

举报电话：（010）88254396；（010）88258888

传　　真：（010）88254397

E-mail：　dbqq@phei.com.cn

通信地址：北京市海淀区万寿路 173 信箱
　　　　　电子工业出版社总编办公室

邮　　编：100036